飛行之翼

從設計到飛行

送給史黛拉(Stella)和艾荷(Egon)

「把人生變成夢想，把夢想變成現實。」

—安托尼·聖埃克蘇佩里 (Antoine de Saint-Exupéry)—

飛行之翼

從設計到飛行

揚·范德維肯 (Jan Van Der Veken)

商務印書館

目錄

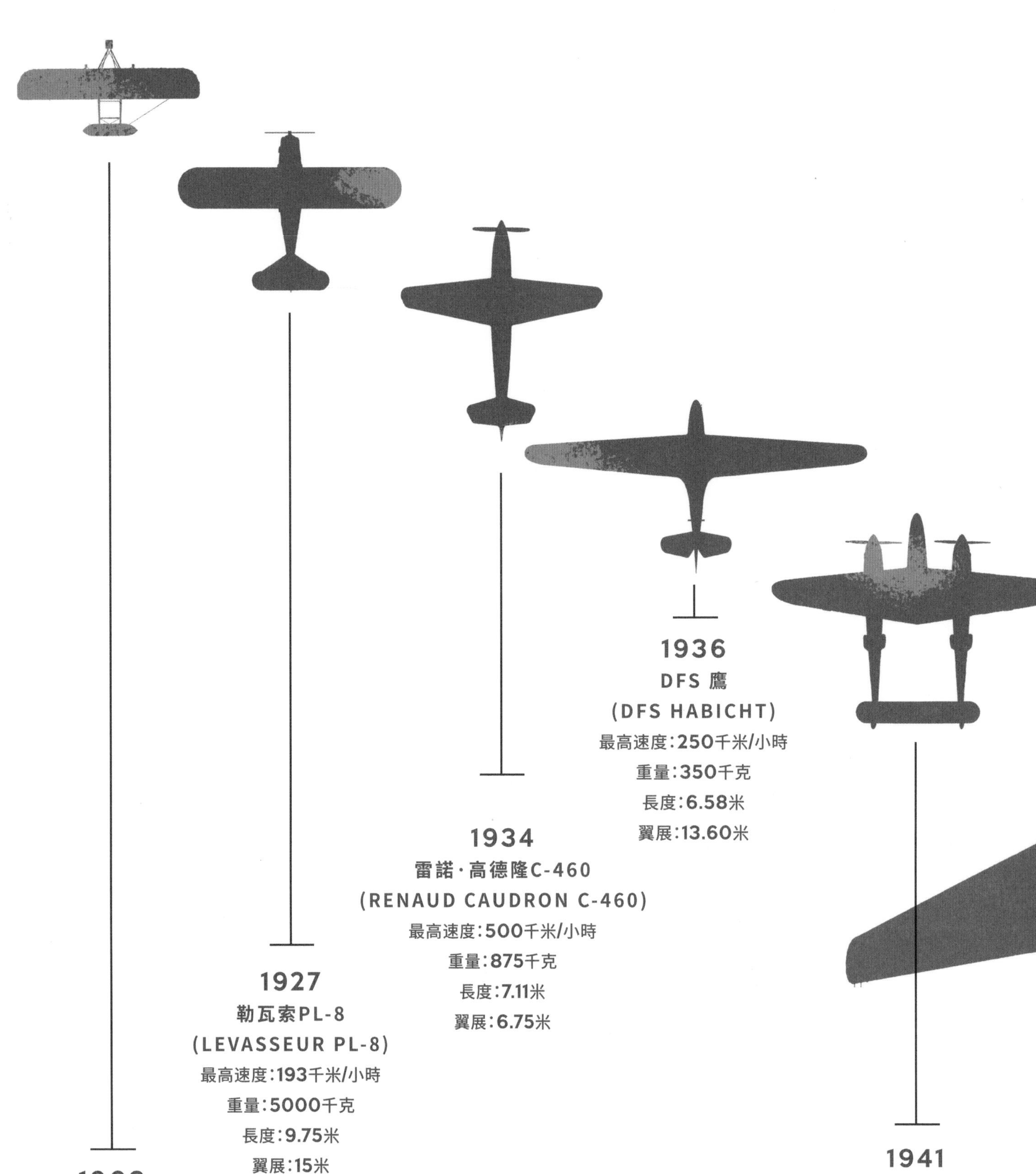

1936
DFS 鷹
(DFS HABICHT)
最高速度:250千米/小時
重量:350千克
長度:6.58米
翼展:13.60米
1934
雷諾·高德隆C-460
(RENAUD CAUDRON C-460)
最高速度:500千米/小時
重量:875千克
長度:7.11米
翼展:6.75米
1927
勒瓦索PL-8
(LEVASSEUR PL-8)
最高速度:193千米/小時
重量:5000千克
長度:9.75米
翼展:15米
1903
萊特飛行器
(WRIGHT FLYER)
最高速度:48千米/小時
重量:274千克
長度:6.43米
翼展:12米
1941
洛克希德P-38
(LOCKHEED P-38)
最高速度:666千米/小時
重量:7940千克
長度:11.53米
翼展:15.58米

1946
諾斯洛普YB-35
RTHROP YB-35)
高速度:632千米/小時
重量:81647千克
長度:16.20米
翼展:52.20米

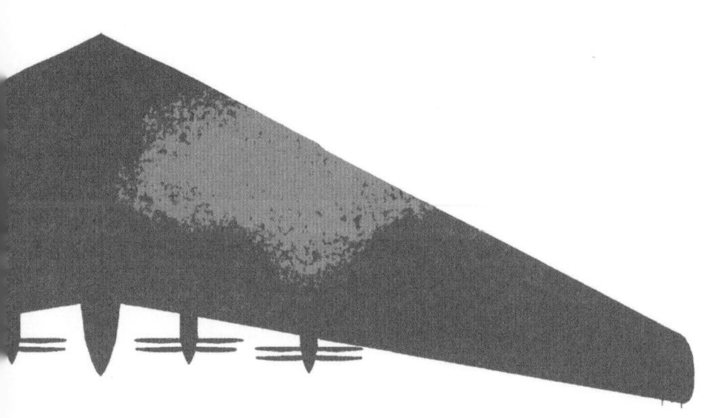

1959
北美X-15
(NORTH AMERICAN X-15)
最高速度:7274千米/小時
重量:15420千克
長度:15.45米
翼展:6.80米

1960
派珀「弓弩手」P-28
(PIPER ARCHER P-28)
最高速度:230千米/小時
重量:975千克
長度:7.16米
翼展:9.20米

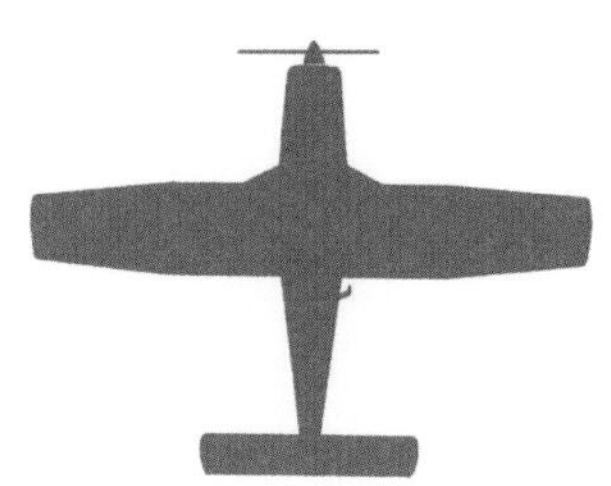

1966
諾斯洛普HL-10
(NORTHROP HL-10)
最高速度:1976千米/小時
重量:2721千克
長度:6.45米
翼展:4.15米

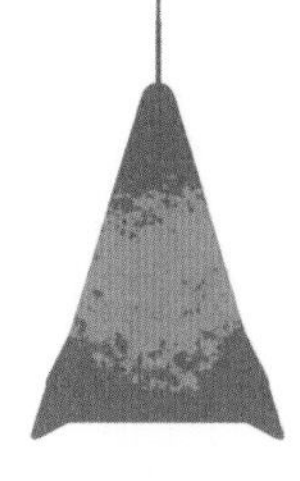

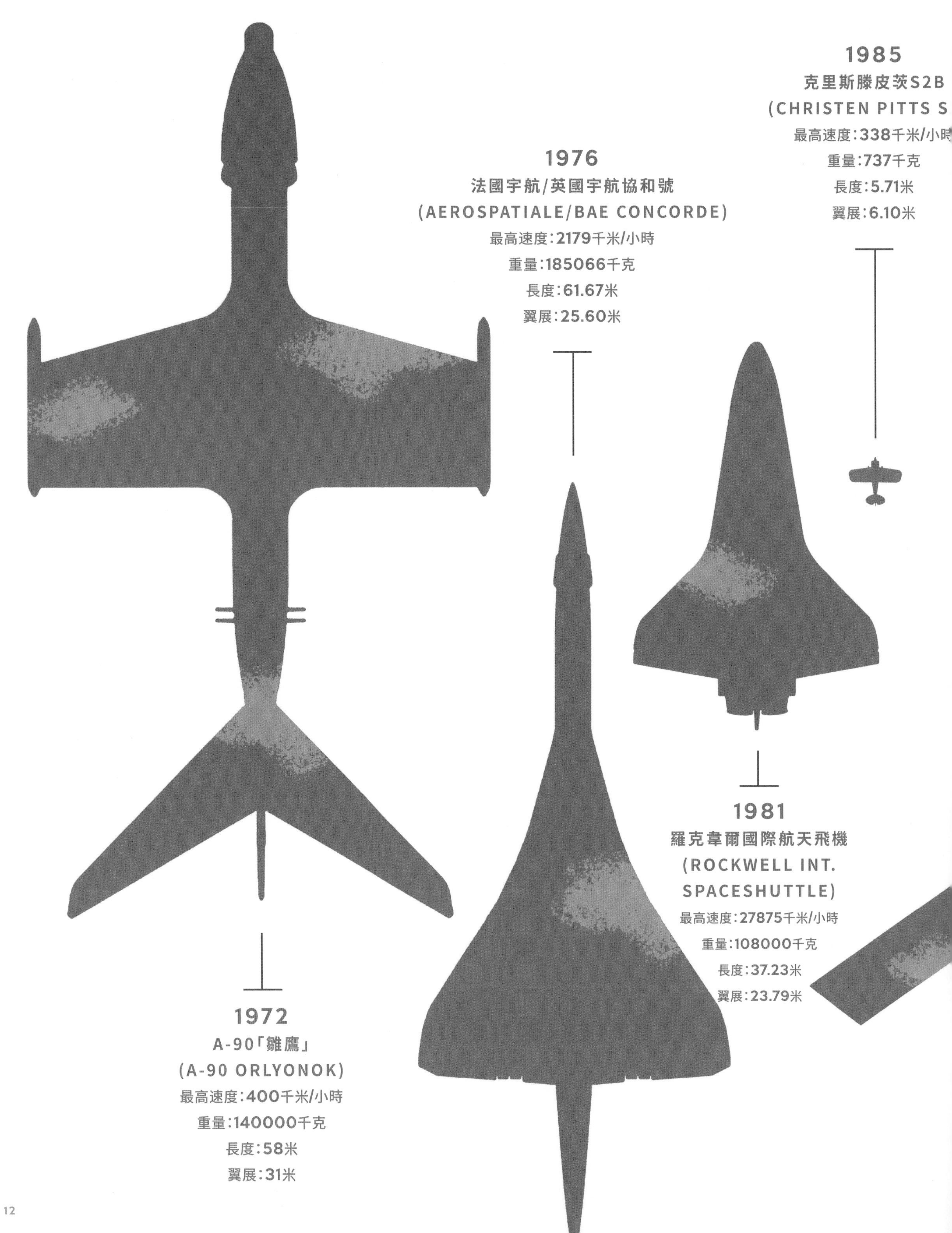
1985
克里斯滕皮茨S2B
(CHRISTEN PITTS S
最高速度:338千米/小
重量:737千克
長度:5.71米
翼展:6.10米
1976
法國宇航/英國宇航協和號
(AEROSPATIALE/BAE CONCORDE)
最高速度:2179千米/小時
重量:185066千克
長度:61.67米
翼展:25.60米
1981
羅克韋爾國際航天飛機
(ROCKWELL INT.
SPACESHUTTLE)
最高速度:27875千米/小時
重量:108000千克
長度:37.23米
翼展:23.79米
1972
A-90「雛鷹」
(A-90 ORLYONOK)
最高速度:400千米/小時
重量:140000千克
長度:58米
翼展:31米

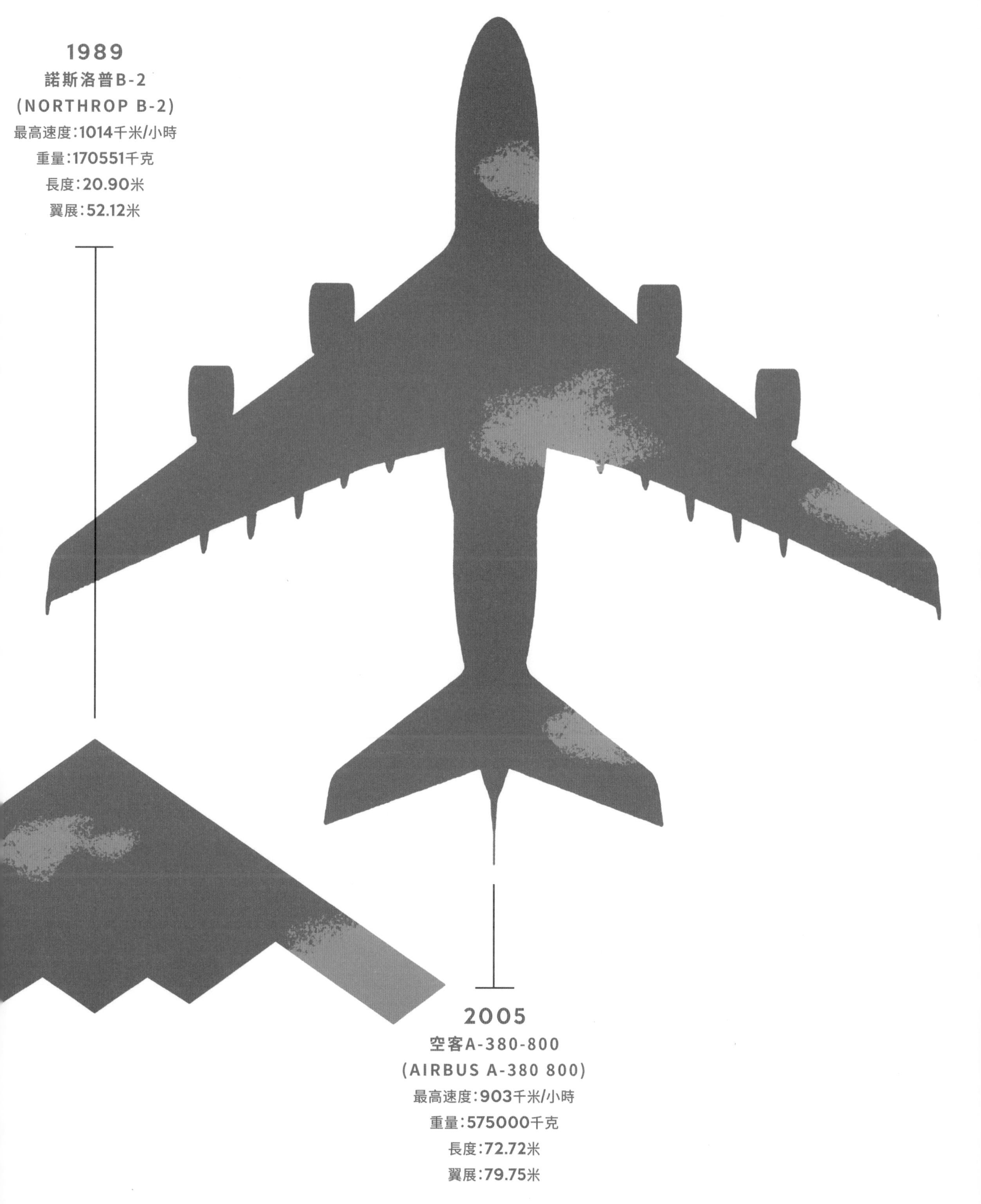

1989
諾斯洛普B-2
(NORTHROP B-2)
最高速度:1014千米/小時
重量:170551千克
長度:20.90米
翼展:52.12米
2005
空客A-380-800
(AIRBUS A-380 800)
最高速度:903千米/小時
重量:575000千克
長度:72.72米
翼展:79.75米

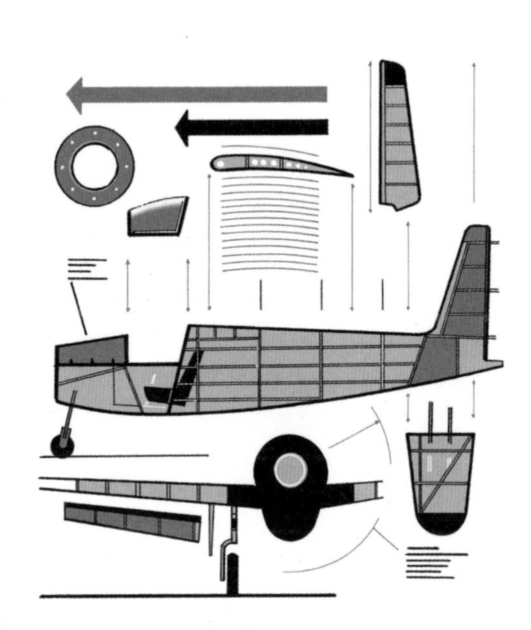

飛機設計

飛機的外型及其原理

螺旋槳飛機

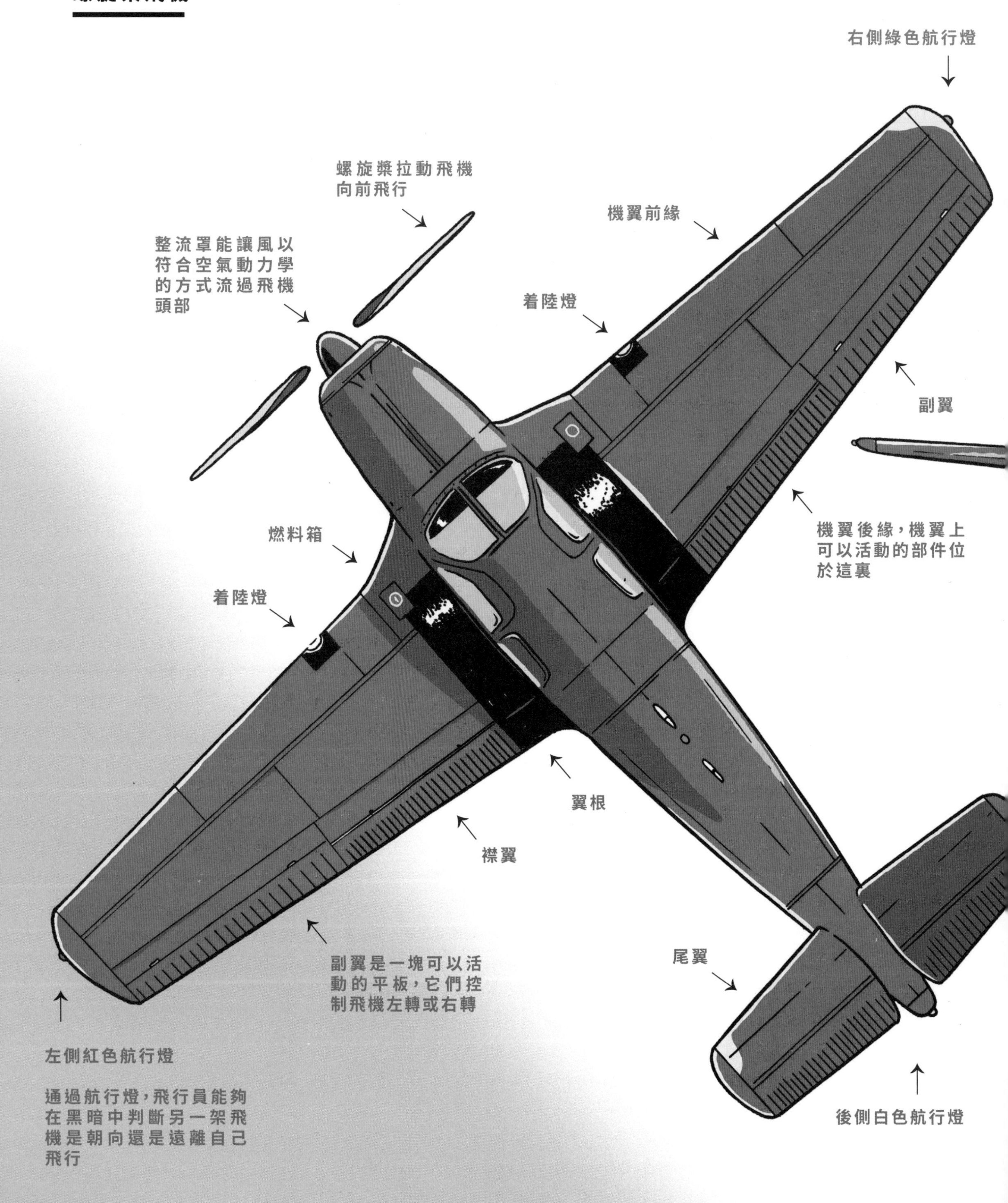

右側綠色航行燈
螺旋槳拉動飛機向前飛行
機翼前緣
整流罩能讓風以符合空氣動力學的方式流過飛機頭部
着陸燈
副翼
機翼後緣，機翼上可以活動的部件位於這裏
燃料箱
着陸燈
翼根
襟翼
尾翼
副翼是一塊可以活動的平板，它們控制飛機左轉或右轉
左側紅色航行燈
通過航行燈，飛行員能夠在黑暗中判斷另一架飛機是朝向還是遠離自己飛行
後側白色航行燈

比奇「豪盛」(BEECHCRAFT BONANZA) / 1947

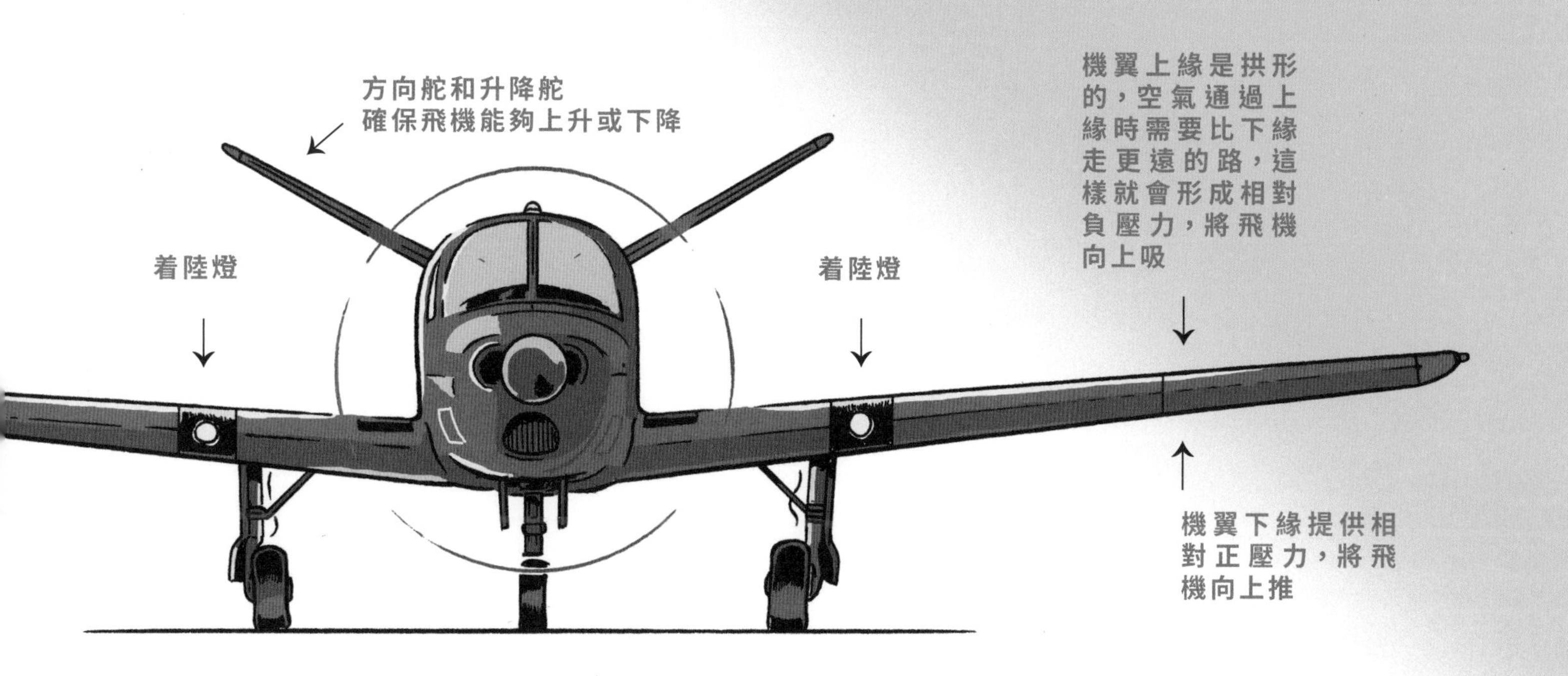

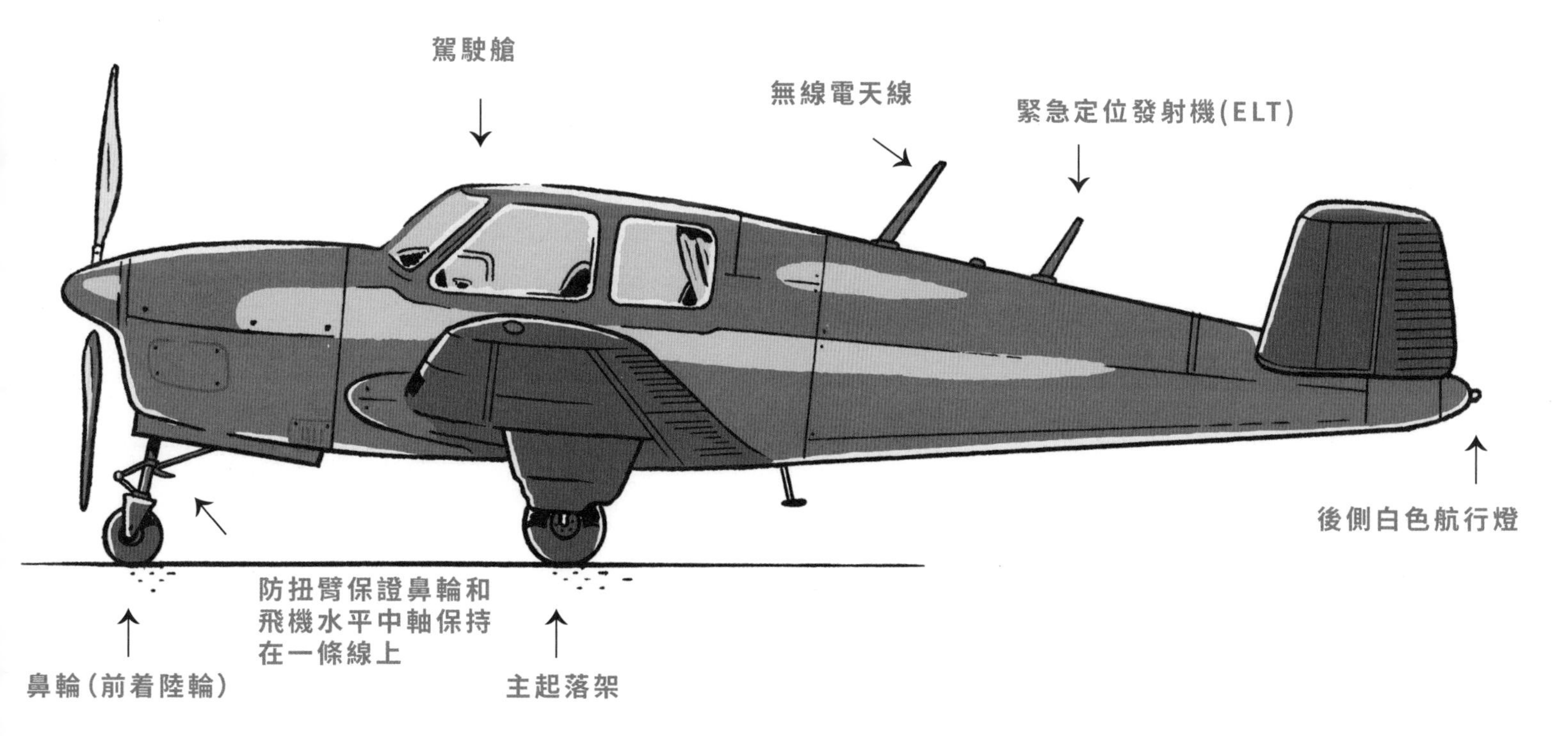

噴氣式飛機

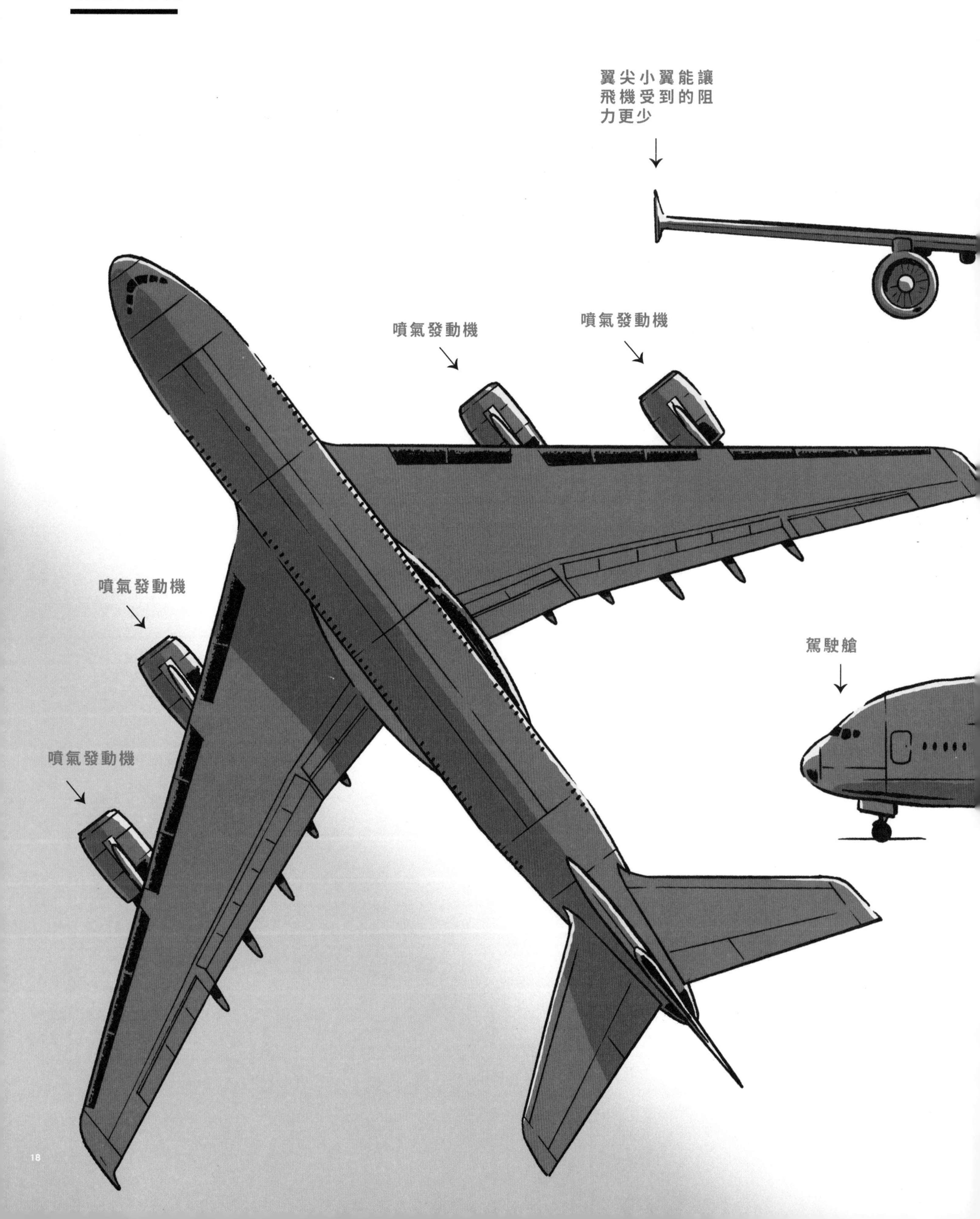

翼尖小翼能讓飛機受到的阻力更少
噴氣發動機
噴氣發動機
噴氣發動機
噴氣發動機
駕駛艙

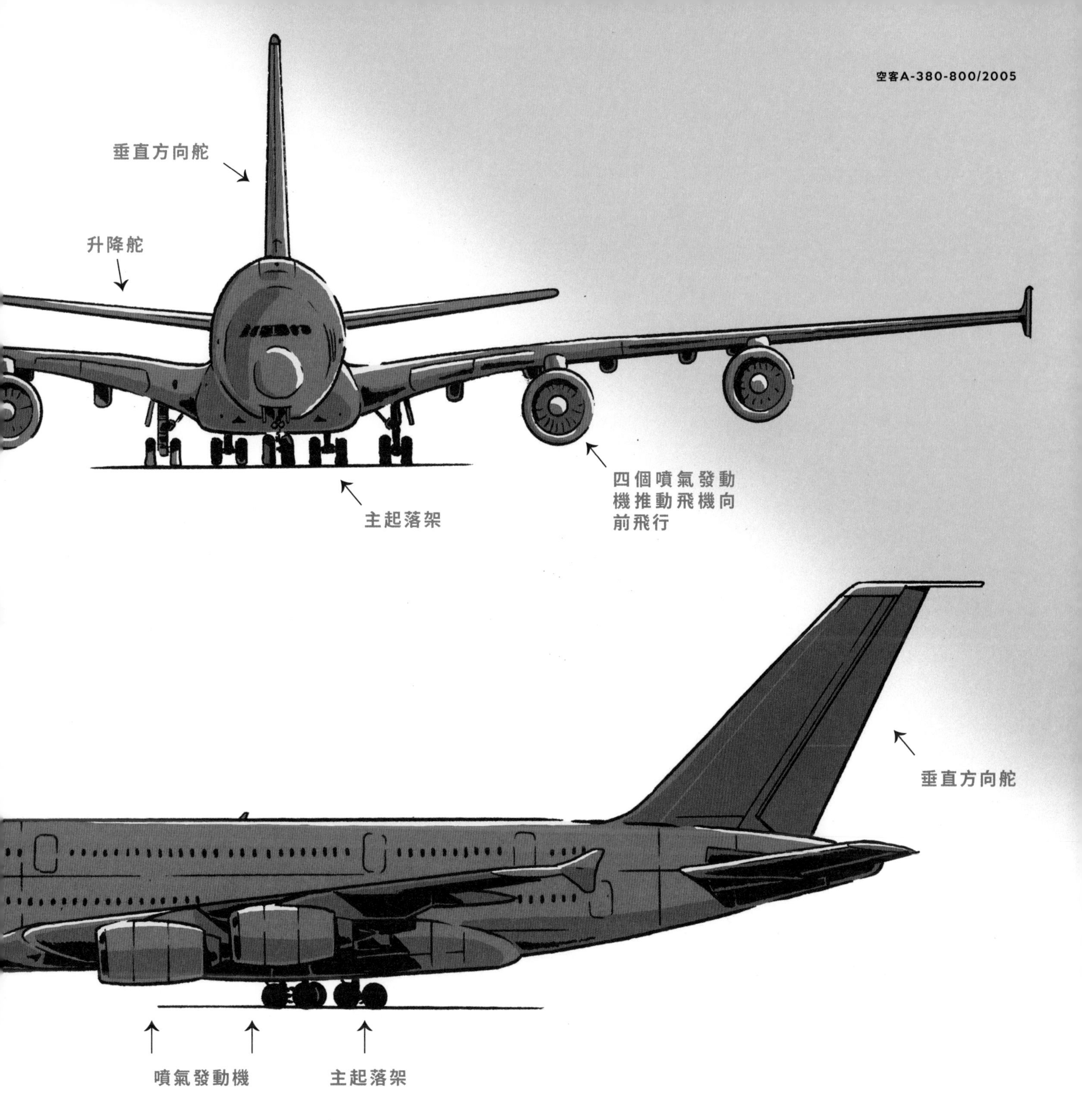
空客A-380-800/2005
垂直方向舵
升降舵
主起落架
四個噴氣發動
機推動飛機向
前飛行
垂直方向舵
噴氣發動機
主起落架

飛機上起作用的力有哪些？

要想知道飛機的設計中有哪些重要的部件，就必須了解飛行中發揮作用的幾種主要的力。這些力大致有四種，它們有的讓飛行更容易，有的恰恰相反。比如重力和空氣阻力就會讓飛行更加困難。作為一架龐大的機器，飛機重量很大，重力會把它拉向地面的方向。每一架飛機的機翼、尾翼、機頭和機身還會受到空氣阻力，阻力的大小由飛機的形狀決定。飛機設計師要把機體設計得盡量平滑，這樣飛機才能高速劃過空氣，同時盡可能少地受阻力影響。促進飛行的力則來自發動機和機翼。

發動機通過轉動螺旋槳提供拉力，牽拉飛機在空中前進。與此同時，空氣流過機翼，抬起飛機，讓飛機保持在空中。這股向上的力叫做「升力」。飛機如何運動，取決於促進飛行的力和阻礙飛行的力之間的平衡關係。飛機向前飛行時，兩種力是平衡的；不過上升或下降時，情況就不同了。下降時需要的拉力減少，在重力的作用下，飛機向地面方向飛去；而上升時則需要更多拉力才能讓機體抬升起來。有的飛機甚至可以垂直爬升。這時就不需要升力了：螺旋槳會帶着飛機垂直向上。

機型特寫：雷諾·高德隆C-460(RENAUD CAUDRON C-460) / 1934

高德隆C460是一架為1934年梅特杯國際飛行比賽(Coup Deutsch de la Meurthe)建造的競技飛機。在歐洲首位女飛行員出色的駕馭下，這架木質飛機不僅贏得了比賽，還打破了時速記錄。當年，伊蓮·布謝(Hélène Boucher)的飛行速度高達445千米/小時！

1936年，高德隆前往美國，參加了國家飛行大賽(National Air Races)，並贏得了多項榮譽。這項飛行史早期的比賽不僅深受人們喜愛，更肩負着促進飛行技術發展的責任。

高德隆也吸引了比利時人的目光：漫畫家艾爾吉(Hergé)[①] 的漫畫集《阿岳、阿蘇和約克》(*Jo, Suus en Jokko*)中便出現了它的身影。在《龐先生的遺囑》(*Het testament van Mr. Pump*)一集中，工程師雅克·勒格朗(Jacque Legrand)需要一架能以1000千米/小時速度從

巴黎飛到紐約的飛機。

漫畫中的這架飛機叫做「同溫層巡航者」H.22，它很明顯是以高德隆C-460為原型的。

1000千米/小時的速度，令真正的高德隆望塵莫及。不過高德隆擁有驚人的速度和流線型的機身，這一定是艾爾吉將它作為靈感來源的原因之一。

2009年，湯姆·瓦森(Tom Wathen)、馬克·萊特希(Mark Lightsey)、飛機匠人有限責任公司(Aerocraftsman Inc.)和瓦森飛行高中(Wathen Aviation High School)的學生共同建造了一架惟妙惟肖的高德隆複製品。

飛機在空中如何運動?

飛機稱得上是天空中的雜技大師。為了更好地理解飛機能做出的各種動作,我們可以在飛機上畫出三條虛擬的線。以這三條線為軸,飛行員可以控制飛機轉動,來決定飛機飛行的方向。

第一條虛擬線從上到下垂直穿過機身。當飛機以這條線為軸轉動時,機頭帶動飛機左轉或右轉,這一運動叫做「偏航」。

第二條虛擬線沿着兩側機翼水平穿過機身。當飛機以這條線為軸轉動時,機頭上下擺動,這一運動叫做「俯仰」。

最後一條虛擬線也是水平穿過機身,不過是從機頭延伸到機尾。當飛機以這條線為軸轉動時,一側的機翼上升,另一側

的機翼下降，這一運動叫做「旋轉」。

飛行員通過三種運動的組合決定飛機的前進方向。飛行員可以通過一個腳踏板控制飛機尾部的垂直方向舵，讓飛機做偏航運動。如果飛機尾部水平的部分——也叫做升降舵——運動的話，飛機就會做出俯仰的動作。位於機翼後緣外側的副翼則可以控制飛機旋轉。

駕駛飛機是一項精細的工作，飛機本身也非常敏感，飛行員推拉操作手柄時必須要小心翼翼才行。操作手柄的幅度越大，飛機的反應也就越明顯，沿着幾個軸線轉動的幅度也越大。

機型特寫：勒瓦索PL-8(LEVASSEUR PL-8) / 1927

勒瓦索PL-8綽號「白鳥」，是一架很特別的飛機。當年，夏爾·南熱賽(Charles Nungesser)和弗朗索瓦·科利(François Coli)駕駛着這架飛機，開啟了人類首次飛越大西洋的嘗試。勒瓦索PL-8本應飛抵美國，卻未能在計劃的日期着陸。12天後，另一位飛行員查爾斯·林德伯格(Charles Lindbergh)為了奪取這項記錄，展開了一場與時間的賽跑。

1927年5月8日，「白鳥」從法國勒布爾歇出發，計劃經過愛爾蘭、加拿大的新斯科舍半島和波士頓，最後飛抵紐約。降落裝置因為會造成過大的空氣阻力，所以從飛機上被拆了下來。

飛機機身被專門設計成船形，這樣它就可以在自由女神像旁的水上降落。計劃的航行時間是42個小時，長短剛好合適：

在不加維修的情況下，「白鳥」的發動機只能持續運轉50個小時。

可是飛機最後消失了。人們最後一次看到它是在埃特雷塔[2]上空，當時它正往英格蘭方向飛行。位於加拿大海岸的聖皮埃爾島上，有目擊者稱在清晨聽到了飛機的聲音，接着傳來一聲巨大的爆炸聲。後來，美國海岸警衛隊隊員發現了扭曲的金屬殘骸，他們可能就來自這架飛機。就在同一時刻，林德伯格則正在巴黎慶祝自己成功穿越了大西洋。

林德伯格當年只有25歲，他駕駛的那架現代的單引擎飛機也是他親手建造的。林德伯格因此成為了那一代飛機設計師以及後輩飛行員的偶像。

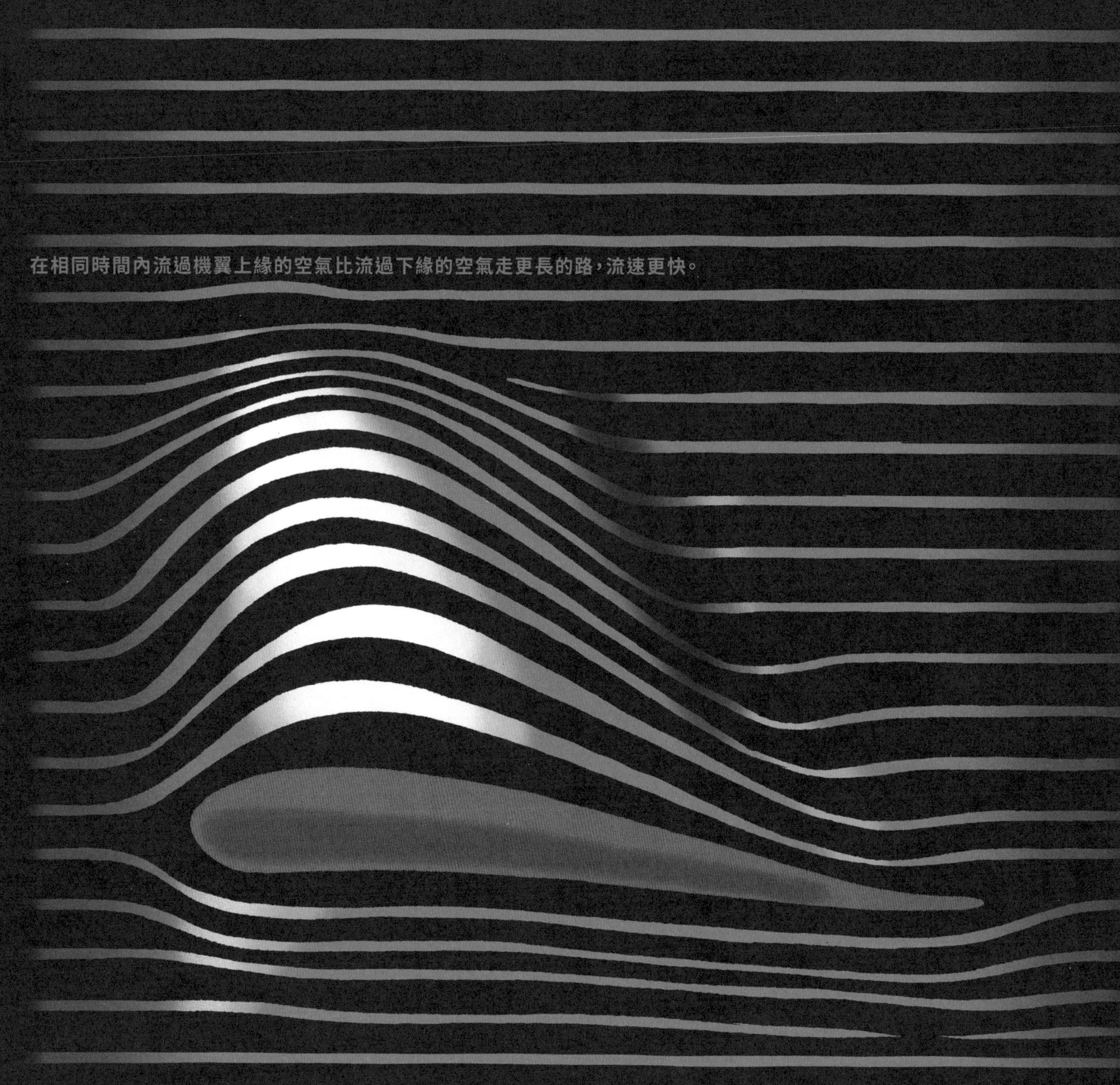

在相同時間內流過機翼上緣的空氣比流過下緣的空氣走更長的路，流速更快。

機翼的形狀

多虧了「升力」將飛機向上拖起，飛機才能夠飛行。升力是發動機和擁有特定形狀的機翼共同作用產生的。發動機產生拉力，讓飛機獲得足夠的速度，這樣空氣就可以順暢地流過機翼。一部分空氣流過機翼的上緣，一部分則流過下緣。鑒於機翼的特殊形狀，相同時間內，流過上緣的空氣要比流過下緣的空氣走更長的路，流速更快。這樣機翼上方就會產生相對負壓，下方則產生相對正壓，飛機也因此被推向上方。如果機翼被設計成其他的形狀，不僅不會產生升力，還會擾亂氣流。

如果機翼被設計成其他的形狀，

會擾亂氣流。

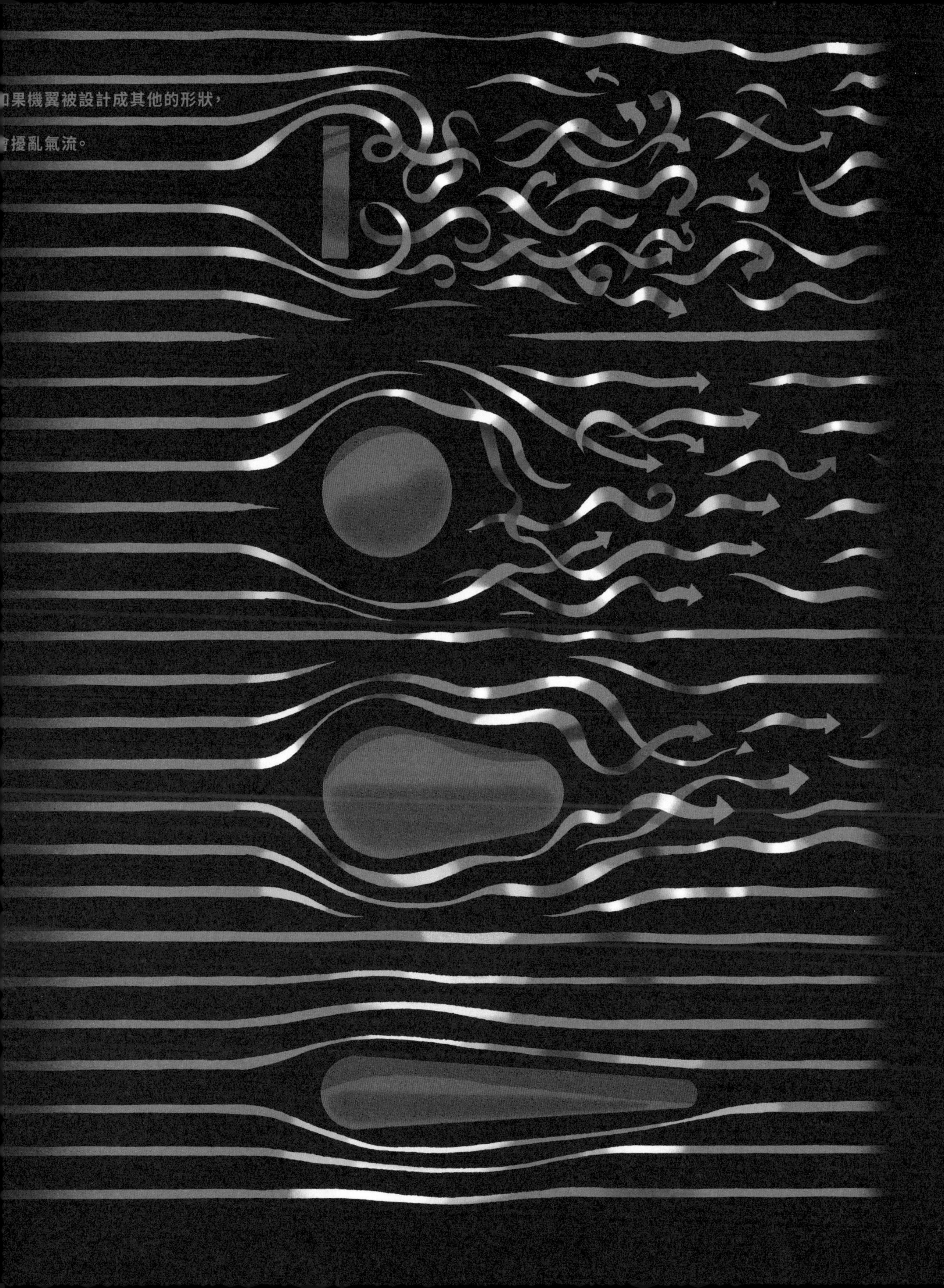

飛翼

機翼不僅能產生升力，而且受到的阻力很小。那能不能建造一架只有機翼的飛機呢？

19世紀30年代時，約翰·諾斯洛普(John Northrop)就建造了這樣一架飛機。機身、發動機、汽油、負載和駕駛員全都聚集在這片巨大的飛翼上。理論上，飛翼應該能獲得巨大的升力，而受到極小的阻力，事實也的確如此。可是這架飛機還是遇上了各種其他問題。飛機穩定性差，極難駕駛，試飛的時候，即使是經驗豐富的飛行員也難以駕馭它。

因為沒有尾部，操作方向的裝置也必須安裝在機翼上，這讓飛機的動作經常失控。

這一型號的飛機一共建造了兩架，後來雙雙墜毀。格倫·愛德華茲(Glen Edwards)本是一位前途光明的飛行員，卻駕駛着YB-49喪了命。美國的愛德華茲空軍基地(Edwards Air Force Base)便是以他命名的。

實際上，飛翼在飛行史上出現得太早了些。當時，由螺旋槳驅動的飛機已經過時了，帶有噴氣發動機的飛機逐漸取而代之。第一架飛翼便誕生在這樣一個技術尚未成熟的過渡時期。

飛翼的安全性實在太低，整個設計計劃因此被徹底拋棄了。

機型特寫：諾斯洛普YB-35「飛翼」(NORTHROP YB-35 FLYING WING) / 1947

建造一架飛行之翼是美國飛機工程師約翰·諾斯洛普的夢想和畢生追求。不過有這種想法的人可不止他一個。德國的霍爾騰(Horten)兄弟當時也忙于飛翼的設計，而早在1910年，英國工程師約翰·威廉·鄧恩(John William Dunne)就已經提出了飛翼的雛形。

不過，諾斯洛普是第一個把這一想法付諸實踐的人。他建造了不同型號的飛翼，有單人滑翔機，有擁有4個螺旋槳的YB-35，還有由8個噴氣發動機驅動的、寬52米的YB-49。這些飛機本是供美國空軍作偵察機使用的，可是第一次試飛後，所有的訂單都取消了。

人們認為這些飛機太不可靠，並在諾斯洛普公司員工的眼前將它們一一拆卸。約翰·諾斯洛普也只能哀傷地看着自己畢生的心血被銷毀。

不過，約翰·諾斯洛普的這一奇思異想並沒有終結。1980年4月，年邁的諾斯洛普被請回了自己當年親手成立的公司。在公司的一間辦公室裏，人們向他展示了B-2「幽靈」轟炸機的模型，模型完全是基於諾斯洛普「飛翼」設計的。這讓諾斯洛普激動萬分：「我這才明白過去那25年上帝為何讓我活下來了」。

隱形飛翼

1970年，B-2——全稱諾斯洛普格魯曼B-2(Northrop Grumman B-2，也被稱為「幽靈」)——問世了。B-2的設計師重新審視40年代飛翼的試飛數據時，發現這種機型可以用來建造新型的轟炸機。B-2甚至連翼展都和早期的飛翼相同。最早的飛翼很難駕駛，不過多虧計算機技術的發展，這一問題在21世紀得以解決，駕駛B-2也成了容易的事。

這套新的系統叫做電傳操縱系統。計算機通過分析飛行員的操作動作，計算出飛機不同部位需要採取的位置，以保證飛機能夠執行飛行員的指令。因為外形特殊，B-2的各部件也與傳統飛機不同。

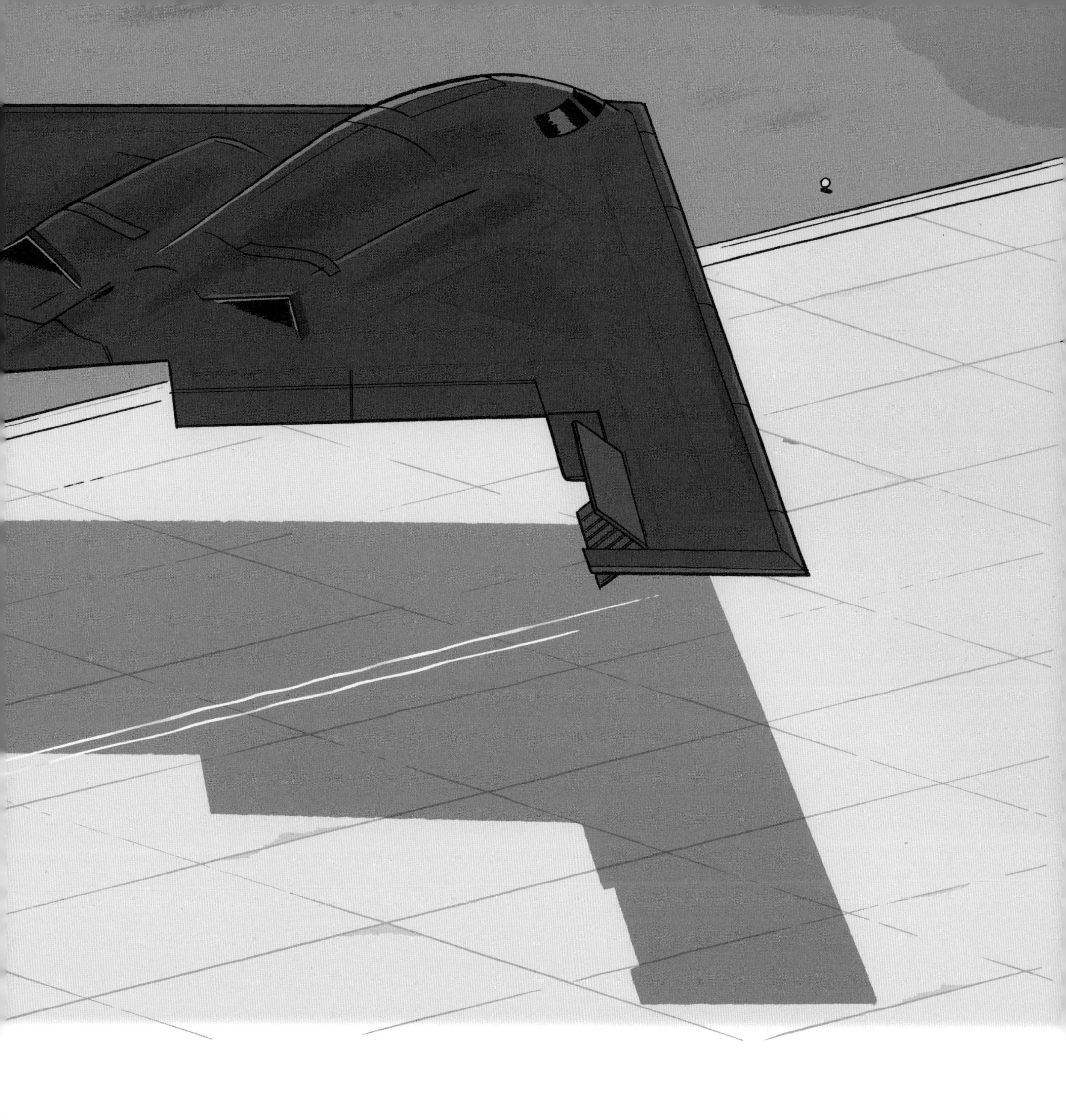

最重要的是，B-2的設計保證了它不會被雷達發現。這種不會被發現的飛機又叫做隱形戰機。其他飛機上位於外部的部件，在隱形機上都要安放在機體內。因為B-2外形奇異，進氣噴氣隱蔽，而且機身塗有秘製的混合塗料，所以接觸到飛機的雷達信號不會按照預定路線反射回去。

正因如此，B-2可以完全從雷達屏幕上消失，而且不會被空中管制注意到。

機型特寫：諾斯洛普B-2(NORTHROP B-2) / 1989

B-2可以運載兩人，飛行高度可達15000米，飛行距離可達10000千米。它的飛行速度不快，但也不需要高速飛行。作為一架間諜機，隱形才是它的看家本領。計算機模擬顯示，如果將飛機上進氣及噴氣的部件設計成菱形，就可以將無線電波彈開，不被雷達接收到。這樣B-2就可以神不知鬼不覺地在一國上空飛行，知曉那裏發生的一切。

飛行高度過高的時候，一般的飛機會在空中留下飛機雲。那是飛機噴出氣體中的水汽凝結後，在機身後留下的一條雲。B-2可以避免這種情況出現。每當可能出現飛機雲的時候，駕駛艙內的一個系統會發出通知，飛行員就可以降低飛行高度，避免產生飛機雲。

這種高科技飛機非常昂貴，總共只建造了20架，是名副其

實的一「克」值千金。

如此一來，你能目睹B-2從空中飛過的幾率就非常小了。所有B-2型號飛機都服役於美國空軍。不過，其中一架在俄亥俄州代頓市的美國空軍國家博物館裏展出，你能在那裏目睹B-2的風采。

B-2問世以前，間諜機就已經存在，不過它們仍會出現在雷達上，因此還是會被發現。其他型號的間諜機包括能飛到21000米高空的洛克希德U-2(Lockheed U-2)，還有速度高達3500千米/小時的洛克希德SR-71「黑鳥」(Lockheed SR-71 Blackbird)——比子彈還快！

沒有機翼的飛機

有些飛機實際上就是一片巨大的機翼，那麼是否存在沒有機翼的飛機呢？

19世紀60年代，人們開始研究無機翼飛機的可能性，希望能夠用於航天領域。要在太空中飛行，飛機必須保持極高的速度，那樣就會產生巨大的摩擦力，摩擦力又會產生熱量：這一點快速搓動雙手你就會注意到。因此，機翼在太空中就成了既危險又多餘的東西。

飛翼是沒有機身的飛機，而航天用的飛機則只有機身，沒有機翼，英文中叫做「lifting body」，即升力體。在時速低於聲速的情況下，傳統飛機的機翼可以最大限度地產生升力，而升力體則因為本身就是流線體構造，所以可以依靠速度獲取升力。飛行中，升力體機身下方受到的空氣壓力大過上方，由

此產生所需的升力。升力體的外形也確保機身能夠保持穩定。

第一架航天器就這樣誕生了。沒有人知道它在太空中飛行的真實情況如何，於是人們先按比例建造了模型，並在風洞中進行實驗。

和所有其他外形奇特的飛行器一樣，駕駛升力體也不是容易的事。速度很快的情況下，它們能夠平穩飛行，可是速度較低時就變得難以駕馭。

為了解決這個問題，人們最終選擇為航天器安裝上小小的三角形機翼。

機型特寫：諾斯洛普HL-10「升力體」(NORTHROP HL-10 LIFTING BODY) / 1960

因為造型奇特，諾斯洛普HL-10外號「飛行浴缸」。美國國家航空航天局(NASA)測試了5台升力體，HL-10就是其中一台。

測試在加利福尼亞的愛德華茲空軍基地進行，現場非常壯觀。這架試飛的諾斯洛普原型自身沒有發動機，是由一輛客車牽拉到基地中一個乾涸湖泊的寬闊湖牀上。之後，人們把它捆綁在另一架大出許多的飛機的右側機翼上。飛到15千米高空後，諾斯洛普HL-10被放下，駕駛艙裏的飛行員啟動火箭發動機，HL-10繼續上升，達到了24千米的高度。

這時，燃料用盡，發動機熄火。飛行員選擇垂直下降，這樣

飛機才能保持足夠的速度，而速度越大升力也就越大，就能保證它在落地前依然聽從飛行員的指揮，順利滑翔着陸。

這架HL-10的飛行時間一向很短，機上的燃料能夠供給它爬升100秒。到HL-10型號研發到第37代模型時，飛行時間達到最長，足足有7分鐘。

試飛結束後，HL-10以300千米/小時的速度落回愛德華茲空軍基地乾涸的湖牀上。

後來，在HL-10和其他類似滑翔機的基礎上，航天飛機(Space Shuttle)誕生了。航天飛機也是一種滑翔機，能夠在完成航天任務之後，重新返回大氣層！

地面效應

機翼靠近地面時的表現和在空中飛行時有所不同。當飛機與地面的距離小於5米時，就會出現所謂的緩衝效應，也叫地面效應。

這時，由於飛機離地面很近，空氣不能從機翼下方流過，而是遇到地面反彈向上形成氣墊，托着飛機向前滑行。落地的飛機可以利用這種緩衝效應，實現平緩的降落。許多飛機充分利用了這一效應，比如地效飛行器。這類飛行器有特別設計的機翼，保證飛行器只能在地面效應存在的高度內飛行。

對有些飛機來說，地面效應卻不那麼方便了。比如滑翔機，它們長長的機翼能讓飛機長時間滑行而無需降落。有時因為

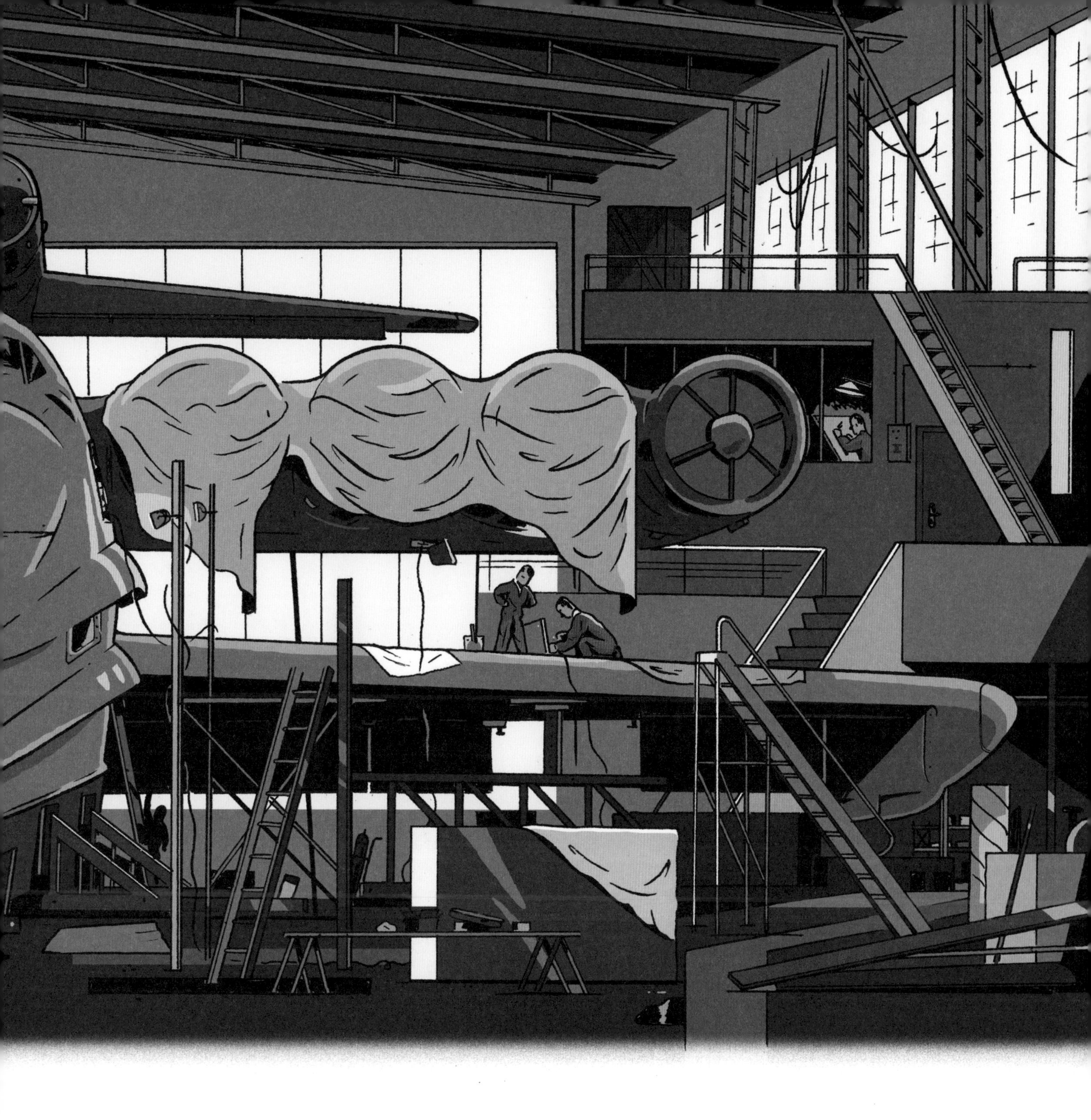

地面效應，滑翔機可能根本無法着陸，只能不斷在空中滑行。為了防止這種情況的發生，滑翔機裏裝置了制動閥，用來干擾機翼上方的氣流，這樣產生的升力減少，滑翔機就可以順利降落了。

動物們也會對地面效應加以利用。科學家發現，水蝙蝠貼近水面飛行的時候，消耗的能量最少，心率也最低。水面越平靜，波紋越少，這種現象就越明顯。此外，信天翁和鵜鶘等水鳥也會利用地面效應。

機型特寫：地效飛行器A-90「雛鷹」(EKRANOPLAN A-90 ORLYONOK) / 1960

作為水上飛機，綽號「里海海怪」的A-90地效飛行器必須最大限度地利用地面效應。1960年，羅斯蒂斯拉夫·阿列克謝耶夫(Rostislav Aleksejev)設計了A-90。在此之前，他主要從事氣墊船設計。A-90也像是氣墊船和飛機的結合體，能夠在水面上5米的高度滑行。這種飛行器的發動機一般安裝在飛機頭部，可以將空氣「趕」到機翼下方。機尾則裝有當時功力無與倫比的渦輪螺旋槳，用來給飛機加速。有了這種地效飛行器，大重量的負載也能夠在水上進行高速運輸。

在地面效應的幫助下，A-90靠近水面時耗能很少，能以500千米/小時的高速飛過里海。不過儘管效率驚人，A-90

的外形卻實在令人不敢恭維，因此才有了「海怪」的綽號。

因為飛行高度很低，A-90也不會被雷達發現。同時，飛行員必須全神貫注，關注水平面上的動靜，以確保飛機不會和船隻相撞。

鑒於它的飛行高度，A-90登記時歸入了「船舶」而非「飛機」類。蘇聯解體後，人們對於「里海海怪」的熱情逐漸消退，用於建造它的經費也削減了。如今，A-90已經不再使用。

左側機翼升起
左側副翼落下，機翼
表面發生微弱變化，
產生更多升力

副翼的工作原理

飛行員要想讓飛機轉彎，就需要藉助副翼，英文叫作「aileron」。這個活動的部件位於機翼後緣的外側。

飛行員可以通過向左或向右拉動操作手柄調整副翼的位置。兩個副翼的位置變動總是相反：一側副翼抬起，另一側就要落下。如果飛行員向右拉動手柄，左側副翼就會落下，左側機翼的表面因此發生微弱的變化，產生更多的升力，飛機的左側就會隨之上升。與此同時，右側副翼抬起，使得右側機翼下降。兩側機翼之間的不平衡增大，飛機就會向右轉。

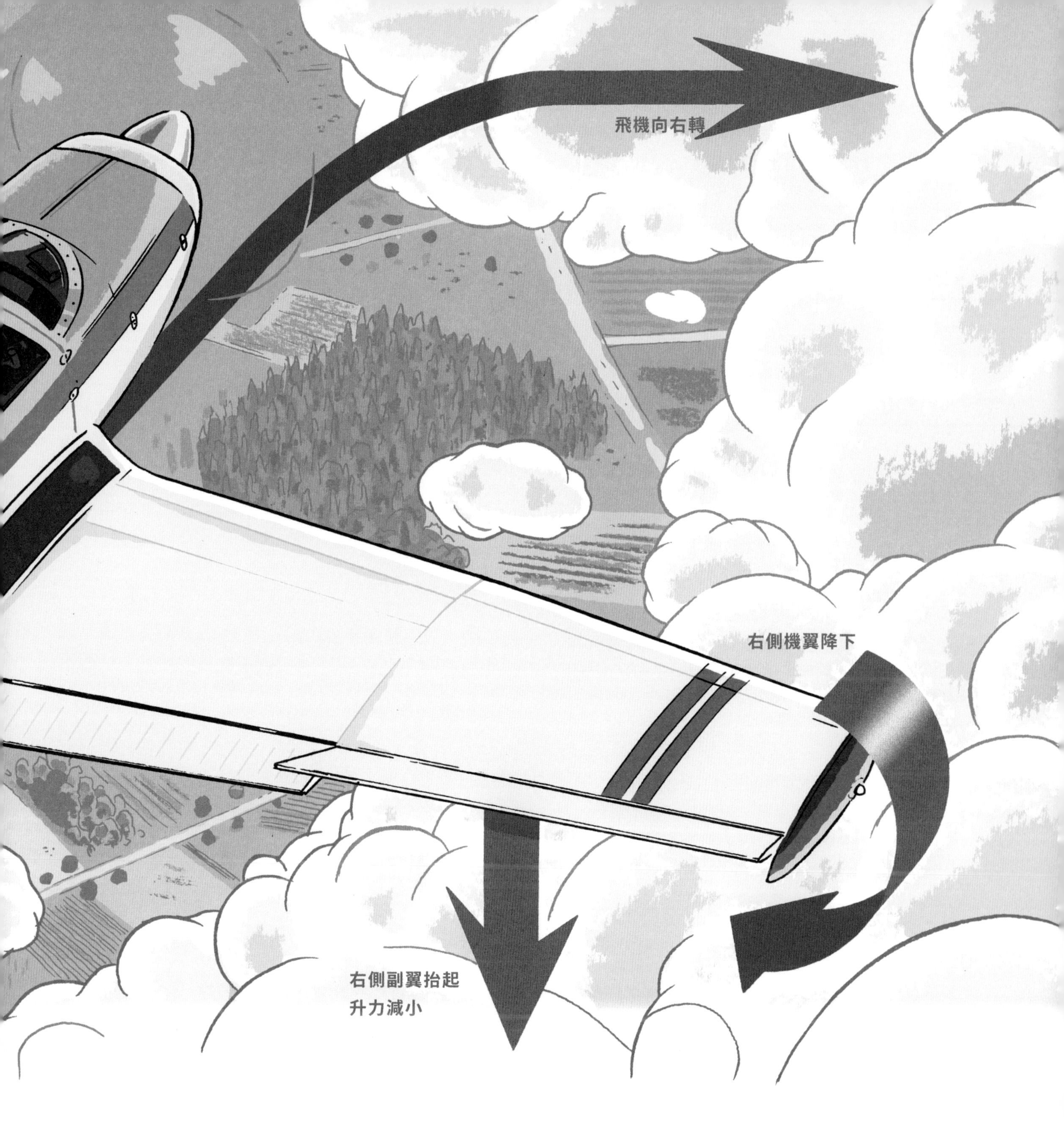

不過實際上的轉向並沒有聽上去這麼容易。左側機翼抬升的同時，受到的空氣阻力也會增加，這時飛機頭部就會自然地牽動飛機向相反方向，即左側，轉動。

這種現象叫做逆偏航。想要抵消逆偏航，飛行員需要通過腳踏板操控方向舵，讓它矯正機頭朝向正確的方向，這樣就可以穩當漂亮地轉個彎了。

如此看來，開飛機和開車倒是相似，都要手腳並用才行。

機型特寫：派珀「戰士」P-28A(PIPER WARRIOR P-28A) / 1960

和塞斯納(Cessna)、格魯曼(Grumman)和比奇(Beechcraft)一樣，派珀是一家為航空學校和私人用戶建造小型飛機的公司。1927年成立以來，派珀已經建造了近144000架飛機，其中90000架仍在使用中。1937年，派珀公司還建造了派珀「迷你」(Piper Cup)，旨在讓飛行成為每個人都可以做到的事情。

派珀「戰士」也是許多飛行員學習時使用的飛機。

這種型號的飛機容易操作，是理想的學習機。機身高度很低，機翼傾斜，因此飛機非常穩定。來科明公司(Lycoming)提供的160馬力發動機讓飛機的時速達到217千米/小時。加

滿油的情況下，飛機能夠在5小時內飛行950千米，還能留有45分鐘的剩餘油量。它的最高飛行高度是3.3千米，起飛時上升到15米需要500米的滑行距離。

世界上有許多架派珀「戰士」在空中翱翔，但是每一架都是獨特的。飛行員可以自行為飛機添加額外配置、收音機系統或者導航系統。不過這會增加飛機的重量。電子設備過多的話，羅盤也可能會失靈。

遇到這種情況，飛機就需要檢修了。檢修時，羅盤、重量、重心和平衡等參數都會重新校準。

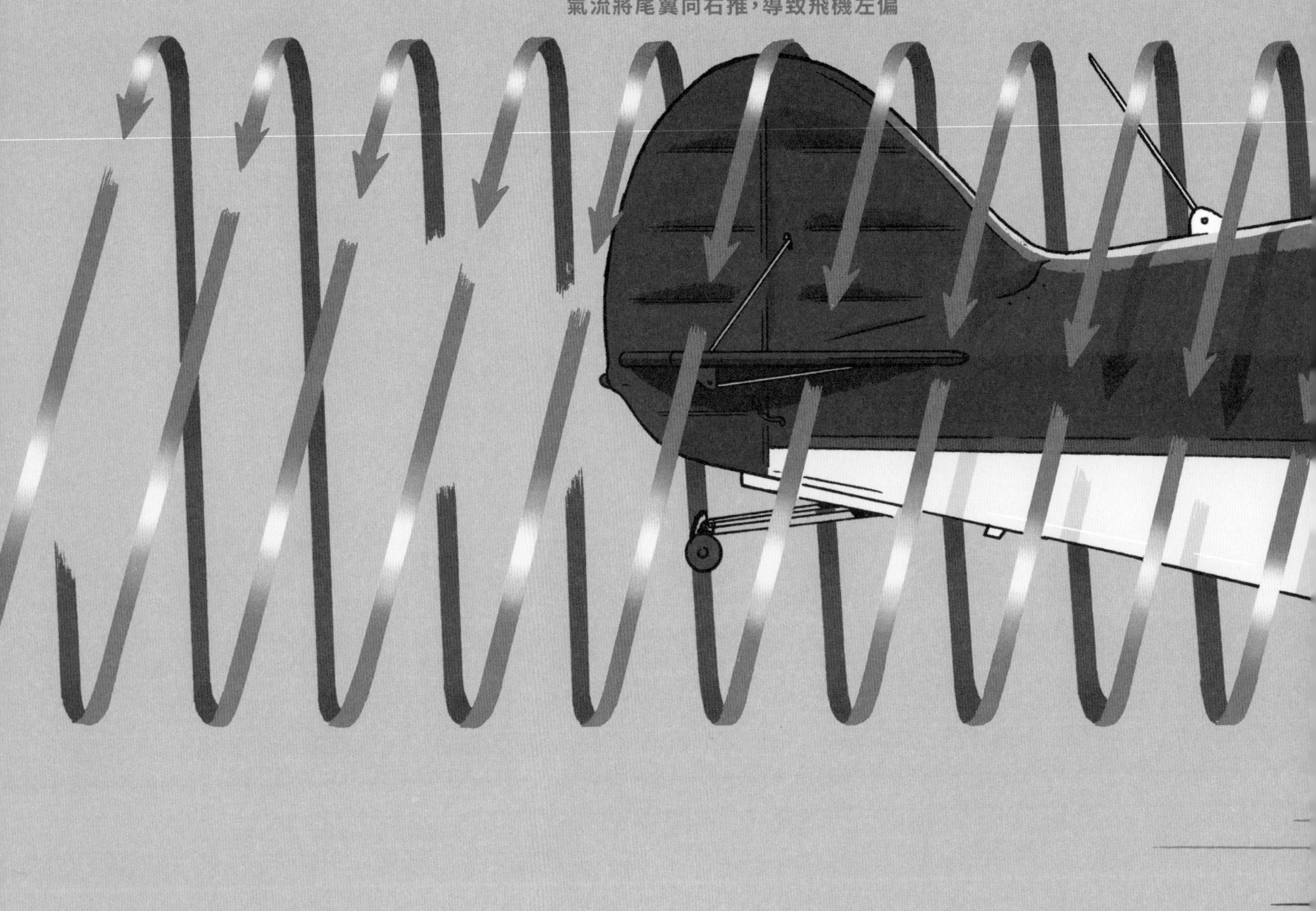

螺旋槳

飛機的螺旋槳實際上也是一種機翼。螺旋槳由中心的軸和連接在軸上的多片扇葉組成。如果把螺旋槳扇葉切開，你會發現它的切面和機翼非常相似。這些小號機翼轉動起來會產生一股向後的氣流，氣流像開瓶器一樣將飛機纏繞起來。

因此，扇葉不只是將空氣向後推，還能讓空氣螺旋運動。這樣，發動機的力量就轉換成了拉力，這也是我們在本書20頁提到的飛行中最重要的四種力之一。有些飛機的螺旋槳扇葉還能沿自身縱軸發生角度轉動[3]，這樣產生的效果和汽車的檔

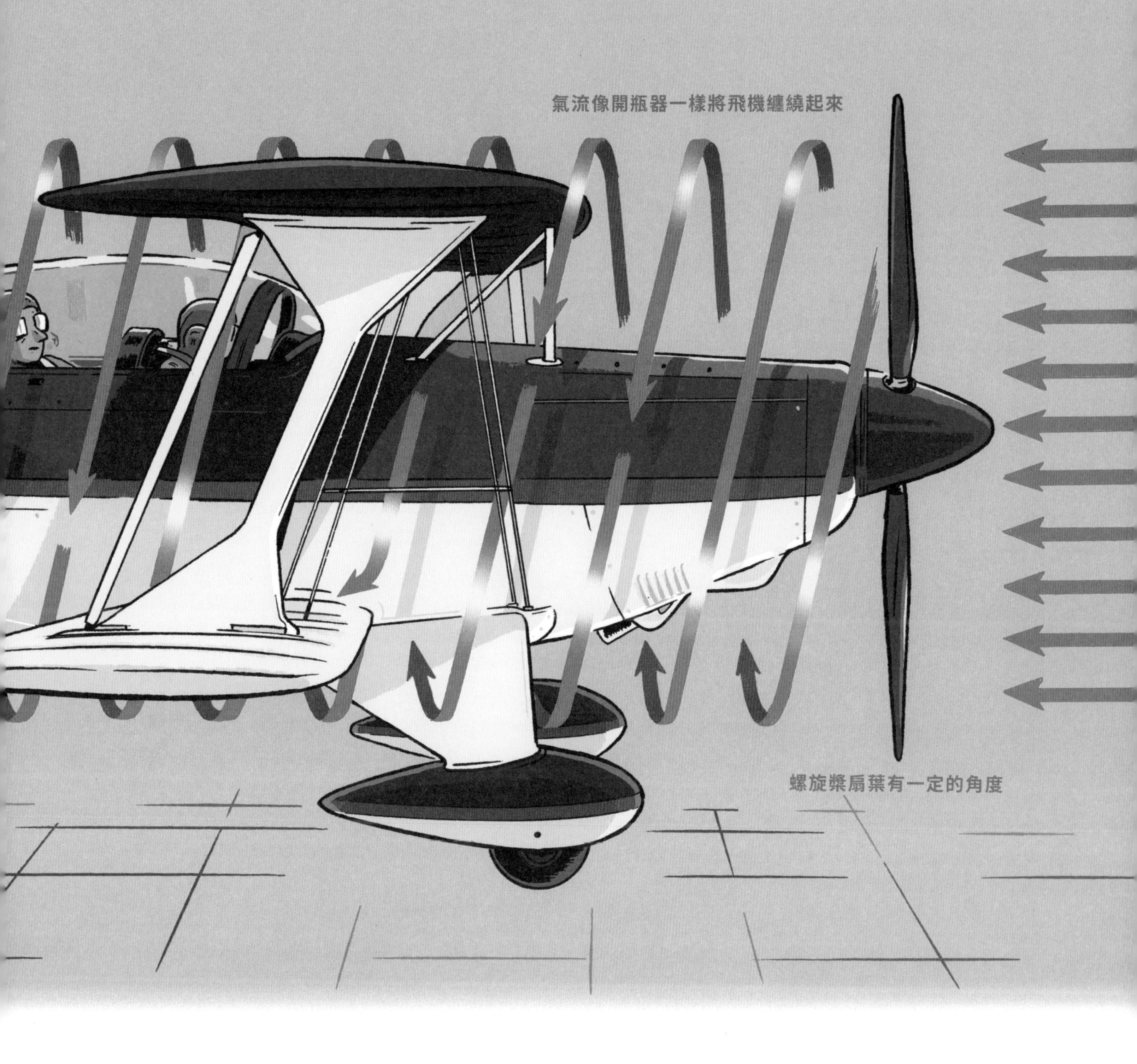
氣流像開瓶器一樣將飛機纏繞起來
螺旋槳扇葉有一定的角度

位類似：發動機轉速不變，但是產生的拉力增多了。

螺旋槳順時針轉動時，產生的氣流會不斷將機尾垂直的尾翼向右推，因此飛行中的飛機不由自主地偏向左側。避免這種情況的方法有兩種：有的飛機直接把機尾的垂直方向舵設計成傾斜的，不然，就要由飛行員通過踩右腳踏板操縱它向右，保證飛機不偏航。螺旋槳氣流也有好處，就是能把空氣更快推送到方向舵和升降舵上，讓它們即使在低速時也可以有效運轉。位於機翼後部外側的副翼就與這一好處無緣了。

機型特寫：克里斯滕皮茨S2B特別版(CHRISTEN PITTS S2B SPECIAL) / 1985

1944年，柯蒂斯·皮茨(Curtis Pitts)設計了用於特技飛行的特別版系列雙翼機。該系列最早的飛機上裝飾有臭鼬的圖案。1950年，特技飛行員貝蒂·斯凱爾滕(Betty Skelton)駕駛該型號三次蟬聯美國特技飛行冠軍後，這一系列飛機吸引了公眾的目光。人們暱稱它「臭臭」克里斯滕皮茨。

該型號是特技飛機的黃金樣本。它是擁有兩組短小機翼的雙翼機，不僅格外敏捷，而且雙翼結構的穩定性獨一無二。這也是必需的，因為在特技飛行中，飛機可不輕鬆。克里斯滕皮茨能承受+6到-5倍的的重力加速度。在+6倍重力加速度的情況下，飛行員壓在椅子上，承受的重力是自身重量的6倍。-5倍重力加速度時，離心力以飛行員體重5倍的力將他從座椅上甩出去。

特技飛行有自己的一套規則和學問。特技比賽前，評審團

指定好一系列飛行動作，飛行員們要將這一系列動作在空中呈現出來，表現最完美的才能摘得桂冠。有些飛行員會把機身上的文字上下顛倒，畢竟飛機大頭朝下飛行的時候可比正常飛行的時候多得多！

皮茨的框架是金屬的，餘下的部分則是木頭或結實的帆布。敲擊機翼的時候，你能聽到類似擊鼓的聲音，那就是繃緊的帆布發出來的。

1977年，皮茨賣掉了公司。1981年起，皮茨特別版系列由弗朗克·克里斯滕森(Frank Christensen)接手建造，它的兩個名字也由此而來。如今，該公司隸屬於飛機製造商阿維亞(Aviat Aircraft)。

雙螺旋槳

飛機不一定只有一個螺旋槳。1941年的一次飛行表演中出現了雙螺旋槳的飛機。當時，美國空軍想要一架能在6000米高空飛行、時速達到570千米/小時的戰鬥機，於是洛克希德P-38「閃電」(Lockheed P-38 Lightning)問世了。

就像名字所展現的那樣，「閃電」是當時時速最快的飛機之一。1939年，一架第一批原型機從加利福尼亞飛到紐約，僅用了7小時2分鐘，創下了速度記錄。飛機的兩台發動機各自擁有1000馬力的功率。因為個頭大、功率高，兩架發動機分別裝置在兩條分開的機身裏，並用水來冷卻。兩條機身在機頭的駕駛艙處和機尾的方向舵、升降舵處匯合，這種獨特的外形讓

P-38成了空中的一道奇景。駕駛艙位於兩條機身中間，比機身要高，飛行員的視野非常開闊。

如果兩架發動機向同一方向轉動，帶動兩部螺旋槳也同向轉動，就會對飛機尾翼產生強烈推力，因而增加了駕駛P-38的難度。如果讓兩台發動機向相反的方向轉動，這個問題就可以解決。不過那樣發動機就需要更頻繁的維修，而且需要使用更多的備用零件。

這樣一來，要讓P-38「閃電」保持最佳狀態的難度就很大，也很花錢。出於對預算的考慮，美國空軍最終決定還是採用同向運轉的發動機。

機型特寫：洛克希德P-38「閃電」(LOCKHEED P-38 LIGHTNING) / 1941

P-38「閃電」是第二次世界大戰期間的明星飛機。許多著名飛行員都曾駕駛「閃電」飛行。

成功飛躍大西洋後，查爾斯·林德伯格成了節能飛行方面的專家，指導飛行員如何操作「閃電」的兩台大功率發動機，以達到最大程度節省燃料的效果。

以詩意的《小王子》聞名的作家安托尼·聖埃克蘇佩里(Antoine de Saint-Exupéry)也曾飛過閃電。當時他服役於法國空軍，卻在飛行生涯的後期出了事。1944年7月31日，他駕駛着載着彈藥的攝影偵察機從法國科西嘉島出發，飛往法國南部上空，之後便和飛機一起消失了。直到2000年，

人們在法國南部馬賽的海岸發現了一架失事飛機以及一條飛行員的手環，四年後得以確認這正是安托尼·聖埃克蘇佩里的飛機。是發動機失靈，還是缺氧，還是絕望自殺？飛行員的下落至今仍是個迷。

安托尼的粉絲、德國飛行員霍斯特·里佩特(Horst Rippert)聲稱自己擊落了安托尼的飛機。可是里佩特的同事卻表示懷疑，畢竟64年來里佩特對此隻字未提。

倖存的P-38「閃電」飛機如今在法國勒布爾歇的航空航天博物館展出。而安托尼的遺體至今仍未找到。

襟翼增加機翼表面積，
提供足夠升力，保持飛
機穩定

襟翼的工作原理

前面我們已經講到了副翼如何通過改變機翼的形狀讓飛機飛向不同的方向。

除了副翼之外，機翼上還有一組可以活動的部件，它們位於靠近機身的地方，叫作襟翼。如果你坐過噴氣式飛機靠窗的座位的話，或許曾見過襟翼在機翼上滑進滑出。它們可以讓機翼的表面積增大或縮小，從而為低速飛行的飛機提供足夠的升力，讓飛機保持穩定。

這一點對加拿大飛機公司(Canadair)的CL-415這種消防飛機來說尤其重要。CL-415需要裝載大量的水，並且要能夠帶着這些額外負載迅速爬升。為了完成指定的任

務，CL-415不僅有寬闊的機翼和兩台強力的渦輪發動機，還有一副巨大的襟翼。因為襟翼實在太大，CL-415的機尾也要比一般飛機大很多，這樣才能夠保持平衡。

在火焰上空飛行時，氣流非常不穩定，這種情況下襟翼也非常重要。它們能保證飛機慢速飛行，而不會出現升力不足或者不穩定的情況，這樣飛行員就有足夠的時間灑水滅火。

有些飛機機翼的前緣也有能夠改變機翼面積的部件。這種位於機翼前緣、與機翼等長、可以伸縮的平板叫做「縫翼」，它們和襟翼合作，確保低速飛行的飛機獲得足夠的升力。

機型特寫：加拿大飛機公司CL-415(CANADAIR CL-415) / 1967

加拿大飛機公司CL-415是一架出色的森林滅火飛機，前身是該公司的CL-215。這架飛行的滅火器可以裝6000升水，蓄滿只需要12秒。飛機可以在任何深度超過2米、長度超過2千米的水域蓄水，因此時常直接利用火場附近的河流、湖泊或者海岸，也經常出現在游泳的人或航行的船隻身旁。

傳言說，有時候游泳的人會被CL-415一起吸進去，然後重新出現在飛機滅過火的森林裏。這根本不可能，因為水箱的入水口太小了。如果入水口真的大到能讓一個人通過，那麼

CL-415根本飛不起來，而只能在水面上掙扎。

駕駛CL-415在燃燒的森林上空飛行十分危險。只有一小部分飛行員有駕駛現存的125架CL-415的資格，他們大多是退伍的軍人。在法國的尼姆-加隆機場可以目睹CL-415的真身，土耳其、希臘、加拿大和西班牙也使用這種飛機。2019年4月巴黎聖母院大火，有人問為甚麼沒有出動CL-415。實際上，CL-415不是為這類火災設計的：飛機噴射的水流力度非常大，足以毀掉教堂的建築結構。

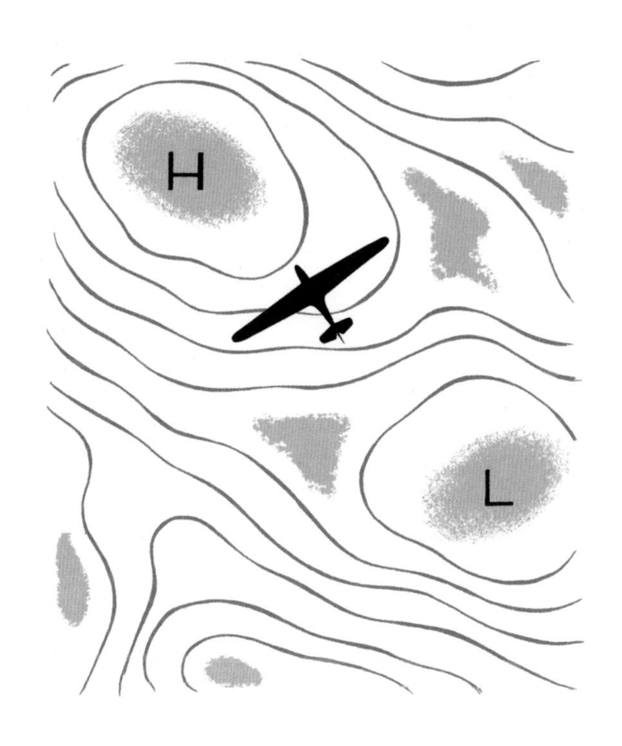

大氣和天氣

飛機的航行環境

大氣層

從地面看，大氣層似乎很厚，可是從宇宙空間看，大氣層不過是包裹地球的薄薄一層。大氣層保護我們不受危險的太空射線或過強太陽光的傷害。

大氣層高度低於12千米的部分叫作對流層。雲朵位於對流層，各種天氣現象也在這裏產生，噴氣飛機則在它們之上飛行。基本的規律是：高度越高，溫度越低。不過在對流層頂，氣溫基本不再下降。極地的對流層頂距地面7千米，赤道的則距地面12千米。對流層頂之上，氣溫甚至會隨高度升高而上升。這一層叫作平流層，距地面12-50千米。到了平流層最頂端，氣溫又大致和地面一致了。平流層之上、距離地面超過50千

米的是中間層，這裏的氣溫再次急速下降。中間層頂部的氣溫低至-100攝氏度！這裏也是極光出現的地方：太陽光線中的帶電粒子和大氣中的氧粒子碰撞時發光，形成了令人驚歎的綠色極光。中間層之上是熱層。那裏的氣溫搖擺不定，夜間是1000攝氏度，白天則高達1700攝氏度。國際空間站就在這一層運行。離地面500千米高度便是散逸層了。到達這一層的為數不多的輕原子也在真空中散失了。

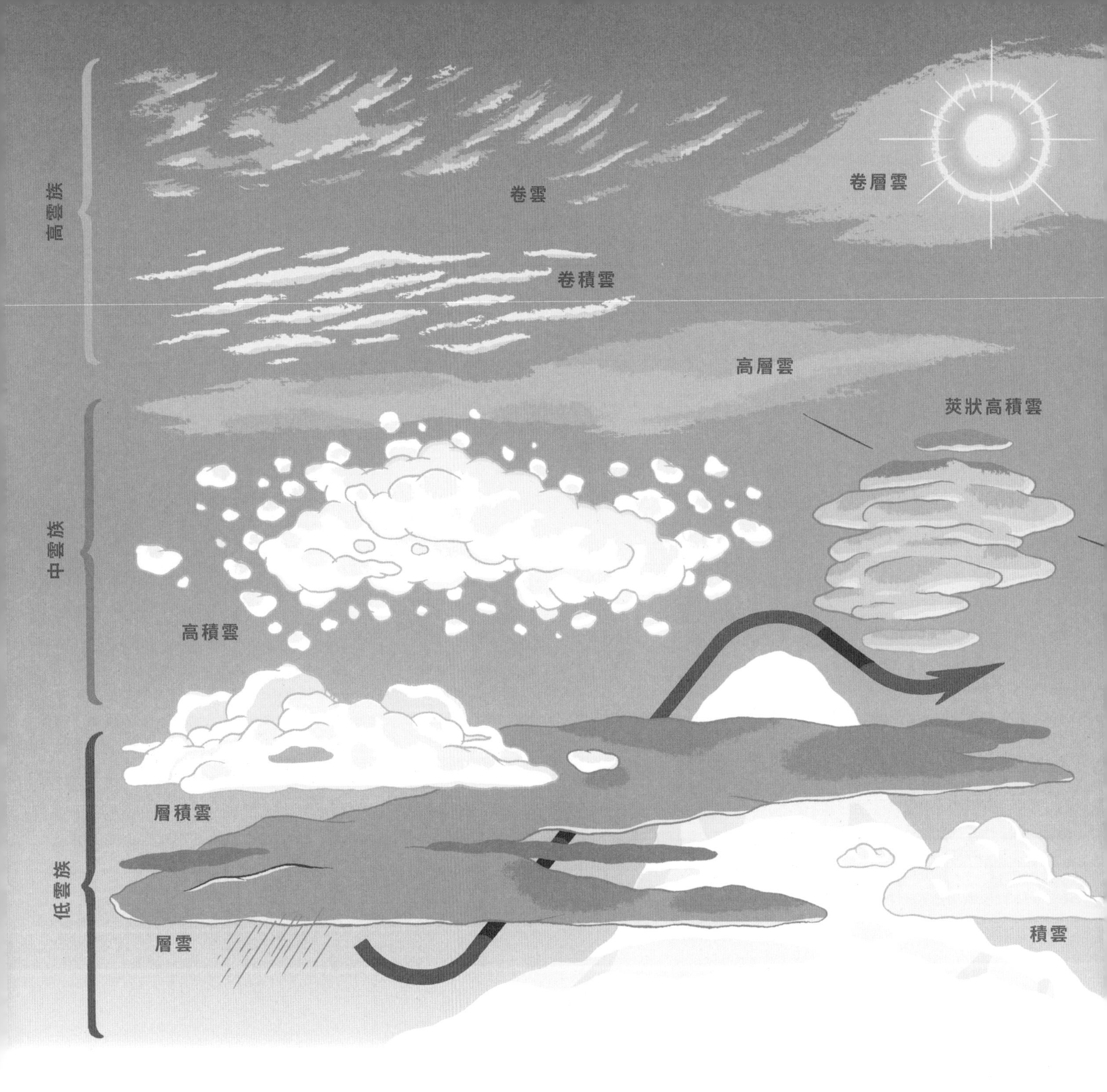

不同種類的雲

想要安全飛行，就必須時刻關注天氣變化。大部分飛機在對流層飛行，這是大氣層離地表最近的一層。這一層中空氣流動產生風，而各種各樣的雲則告訴人們天氣如何。雲可以分為低雲族、中雲族和高雲族。低雲族中的層雲常伴隨惡劣天氣出現：也就是那種烏雲蔽日的昏暗天氣。低雲族的積雲則宣告好天氣的到來。在夏天湛藍的天空中，它們就像一朵朵小棉花。積雲也會出現在更高的地方，覆蓋更廣泛的面積，這時它叫作「層積雲」。

對流層最上層有高層雲、卷積雲、卷雲和卷層雲，這些雲朵裏的冰晶會給太陽罩上一圈光環。

此外還有臭名昭著的積雨雲。這種雲層中有向上吹的強風。不穩定的氣流在雲層中產生靜電，也就是我們看到的閃電、聽到的雷聲。許多飛機對昭示着雷雨的積雨雲避之不及。

最漂亮的要數莢狀高積雲，這種雲像是一張張疊在一起的紙，通常能在山區看到。乾燥和濕潤的空氣交替流過山體，就產生了這種雲。它經常讓人聯想到飛碟。在法語中，這種雲叫做「pile d'assiettes」，意即「一疊盤子」。

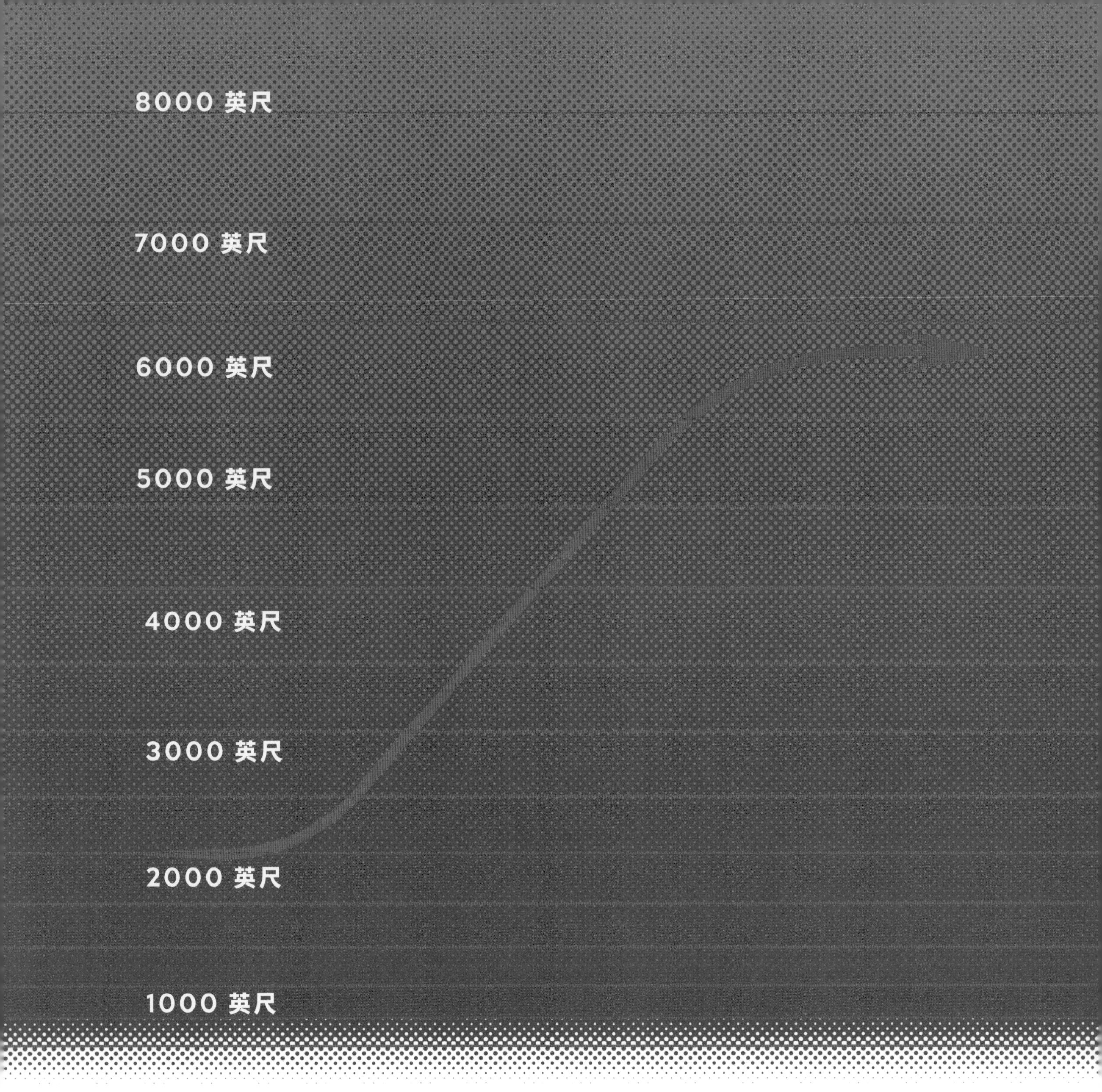

8000 英尺

7000 英尺

6000 英尺

5000 英尺

4000 英尺

3000 英尺

2000 英尺

1000 英尺

空氣對飛行的影響

空氣包圍着我們，我們卻無法看到它。實際上，空氣由無數粒子組成。越是靠近海平面，你頭頂的粒子就越多，承受的氣壓也就越大。因此，從海平面起飛的飛機要穿過的空氣最「厚」。飛得越高，施加壓力的粒子就越少，空氣就越稀薄。當飛機在一個空氣稀薄的高度飛行時，受到的阻力就會減少。這時，在消耗同等燃料的情況下，飛機的飛行速度會比靠近地面飛行時快。近地飛行的飛機要想達到高空飛行的速度，就必須消耗更多燃料。

不過在高空飛行時，因為流過機翼的空氣粒子減少，飛機得到的升力也會減少。因此飛機都有最高飛行高度，這是機翼

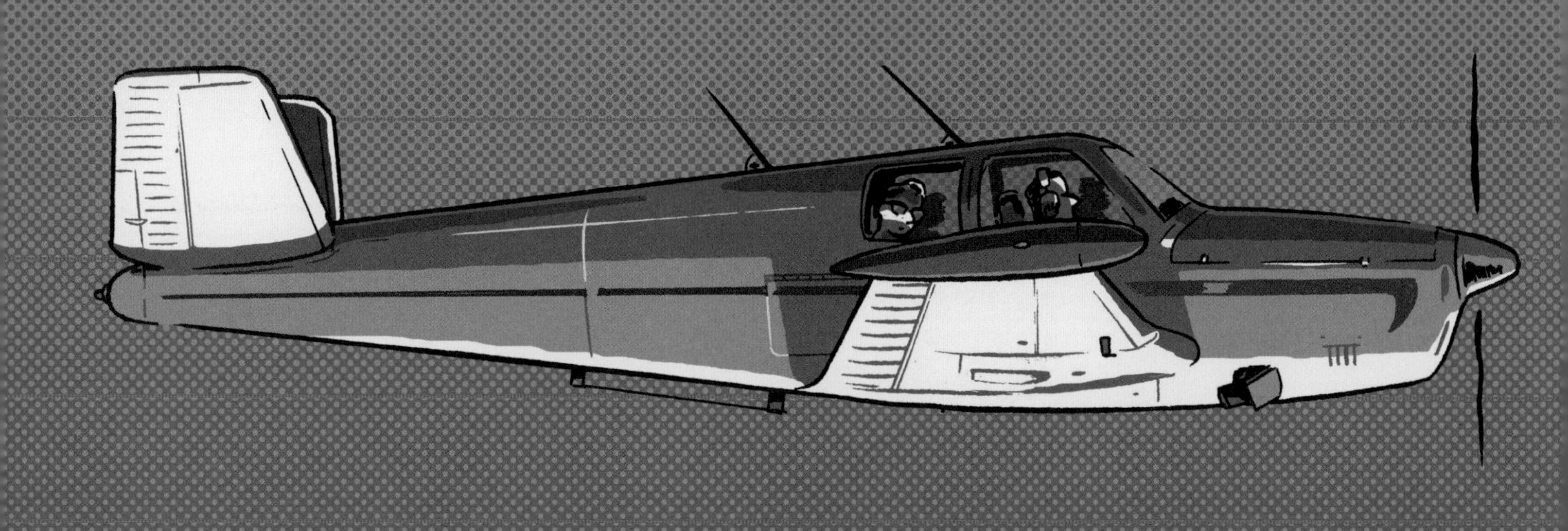

能夠承載飛機飛行的極限。一旦到達這一高度，飛機就不能繼續上升了。

相比從山地機場起飛的飛機而言，海邊機場起飛的飛機需要的爬升時間更短。

影響飛機飛行狀況的因素還有許多。比如熱空氣會膨脹，比冷空氣更稀薄。因此，一架飛機可以在一個清冷的早晨毫不費力地從一座山間的機場起飛，可要是換作一個酷熱的下午，可能根本無法離開地面。

因此，飛行員必須要知道氣壓的大小。所幸飛行員有相應的表格可以參照，能夠計算出安全起飛所需要的跑道長度。

機型特寫：比奇「豪盛」(BEECHCRAFT BONANZA) / 1947

1959年2月2日，搖滾明星巴迪·霍利(Buddy Holly)、里奇·瓦倫斯(Ritchie Valens)和綽號「大波普」(The Big Bopper)的吉爾斯·佩里·理查森(J.P. Richardson)在美國克利爾湖的衝浪舞廳舉辦音樂會。

演出過後，長途奔波的三名搖滾巨星實在沒心情坐着冰冷的巴士去趕下一場，於是決定租賃一架飛機。

2月3日凌晨1點，三人的飛行員羅傑·彼得森(Roger Peterson)駕駛着比奇「豪盛」從愛荷華州的梅森城機場出發，前往北達科塔州的赫克托機場，可他並沒有抵達目的地。

第二天，人們在距離起飛航道8千米的地方找到了飛機。原來起飛不久，飛機就遇到了暴風雪，透過窗戶，飛行員甚麼

也看不到，迫不得已只能盲目信任飛機上的儀表。可惜彼得森沒甚麼「盲飛」的經驗，飛機爬升不久，他就失去了方向，飛機墜毀。

三位音樂家失事的這一天史稱「音樂死亡的一天」。

比奇「豪盛」一度是頗受私人飛行員和飛機租賃公司青睞的機型，一共建造了17000架。可是乘坐「豪盛」失事的可不止這三位音樂家。蘋果創始人之一斯蒂夫·沃兹尼亞克(Steve Wozniak)1987年2月7日乘坐這架飛機時失事，不過僥倖活了下來。鄉村歌手基姆·里夫斯(Jim Reeves)1964年遇難；1982年，美國搖滾吉他手蘭迪·羅斯(Randy Rhoads)遇難，兩人當時乘坐的都是比奇「豪盛」飛機。

亂流與上升暖氣流

天氣炎熱的時候，太陽加熱地面，地面再加熱空氣，就會產生亂流和上升暖氣流。這在工業園區這類地表溫度很高的地方尤其常見，森林、河流這些涼爽一些的地方就少見多了。加熱的空氣會上升（想想熱氣球），並形成向上的風，叫做「上升暖氣流」。上升氣流與周圍空氣的溫差越大，向上的風就越強勁。因為高空氣溫相對低，暖氣流中的水蒸氣會凝結形成雲。出現這種現象的是濕暖氣流。有時候上升氣流很乾燥，無法形成雲，就叫乾暖氣流。大多數飛機飛過這股不穩定的氣流時都會遭遇亂流，搖晃強烈。不過滑翔機恰恰會對暖氣流加以利用。滑翔機飛行員會在溫度高的地表上空飛行，尋找暖氣

流。因為滑翔機的機翼很長，上升的暖氣流能帶着飛機不斷向上、向前飛行，而不必使用發動機。滑翔機任由風把自己推到下一處暖氣流存在的地方。

不過想要一直在暖空氣氣團中飛行也不容易，因為風可能會把氣團吹散。幸運的是，飛行員有鳥兒們幫忙。鳥兒們也會利用上升的風，是完美的滑翔者。通過觀察鳥兒，滑翔機飛行員能夠大致推測哪裏有合適的暖氣團。

機型特寫：DFS「鷹」(DFS HABICHT) / 1936

DFS「鷹」是一架特技滑翔機。它由漢斯．雅各布斯(Hans Jacobs)設計，使命是為來柏林參觀1936年奧林匹克運動會的人們帶去歎為觀止的飛行表演。這種木制飛機一共建造了4架，其中一架在奧林匹克場館上空表演各種特技動作。「鷹」的操作簡單，能執行多種指令，這讓包括漢娜．賴奇(Hanna Reitsch)在內的飛行員稱讚不已。「鷹」的翼展比一般滑翔機短，只有13.6米，因此它非常靈敏，能夠很好地完成旋轉動作。它能承受+12倍到-9倍的重力加速度，這是非常了不起的，因為離心力大於或小於+1倍的重力加速度時，對飛機的影響就已經很明顯了。

同一型號還有一款機翼更加短小的飛機，叫做「侏儒鷹」(Stummel Habicht)。納粹飛行員在駕駛德國火箭飛機

ME163「彗星」之前，就是用「侏儒鷹」來進行練習的。和「侏儒鷹」一樣，「彗星」的着陸速度非常快。

第二次世界大戰後，只有一架「鷹」倖存，目前在巴黎的航空博物館展出。德國有一個旨在保留滑翔機歷史的復古飛行俱樂部，包括約瑟夫·庫爾茨(Josef Kurz)在內的俱樂部成員建造了一架「鷹」的仿製品。這可是了不起的成就，畢竟它原本的設計圖紙已經不復存在了。此後，姓察恩的家族(Familie Zahn)建造了一架新的「鷹」，目前這架飛機為該家族以及迪特爾·克姆勒(Dieter Kemler)服務。

這樣一來，當今世界上就總共有3架「鷹」在世了！

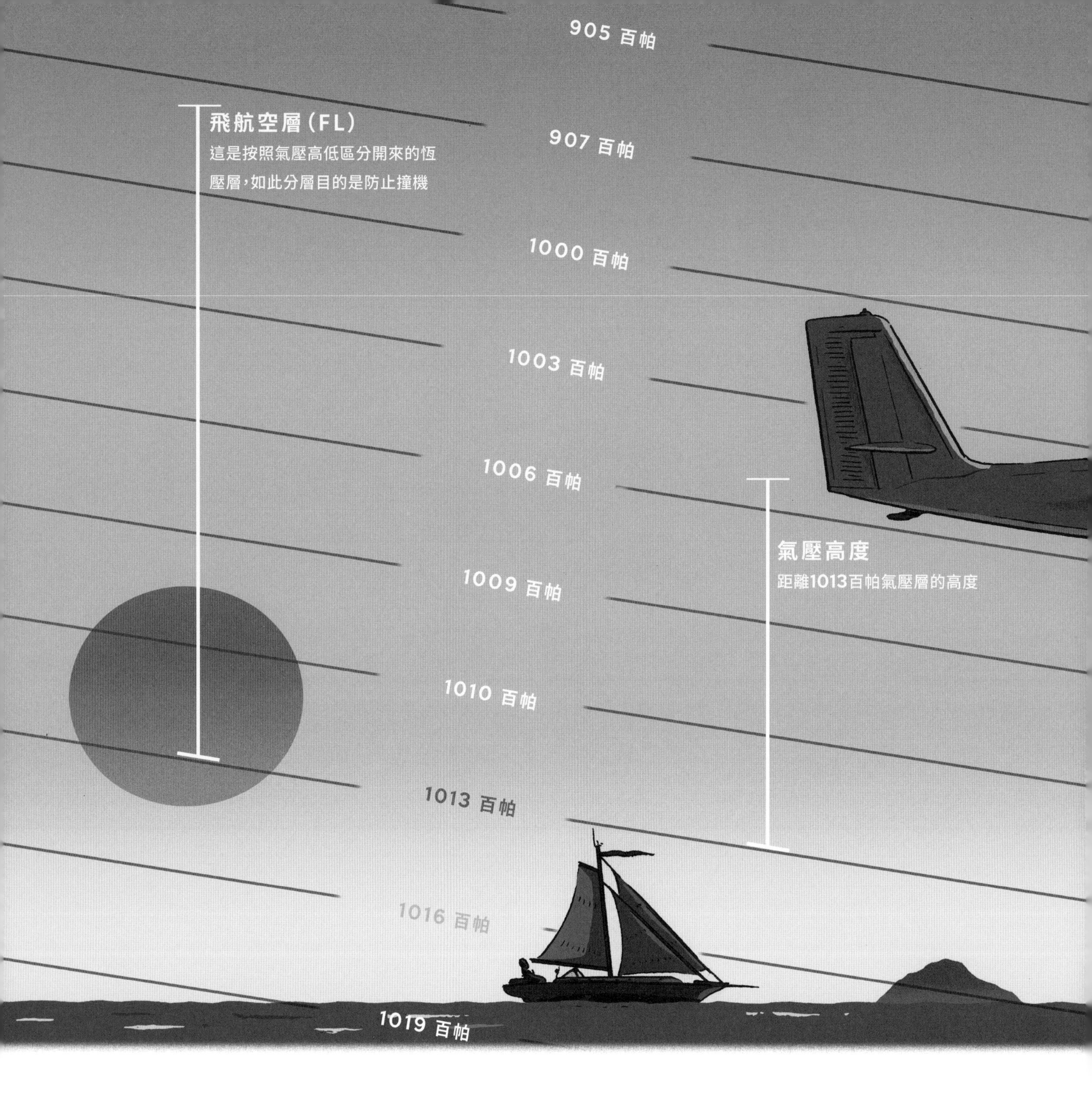

高度表

飛機的飛行高度是很關鍵的信息,因此飛行員都配備有高度表,用來測量機艙外的氣壓。氣壓越低,證明你的飛行高度越高。不過氣壓可不是在地球每一個角落都一樣的,因此就需要一個參照氣壓來校準不同的高度表,這就是國際標準大氣(ISA),參考值是在氣溫15攝氏度的海平面上,氣壓為1013百帕。

臨近起飛時,飛行員會收到出發地當地的氣壓值,並把它輸入系統。這樣起飛之後,飛行員就知道飛機距離起飛跑道的垂直距離。不過目的地的氣壓通常與出發地不同,飛行員也需要把這個數值輸入系統。如果不這樣做,假如目的地的氣壓偏

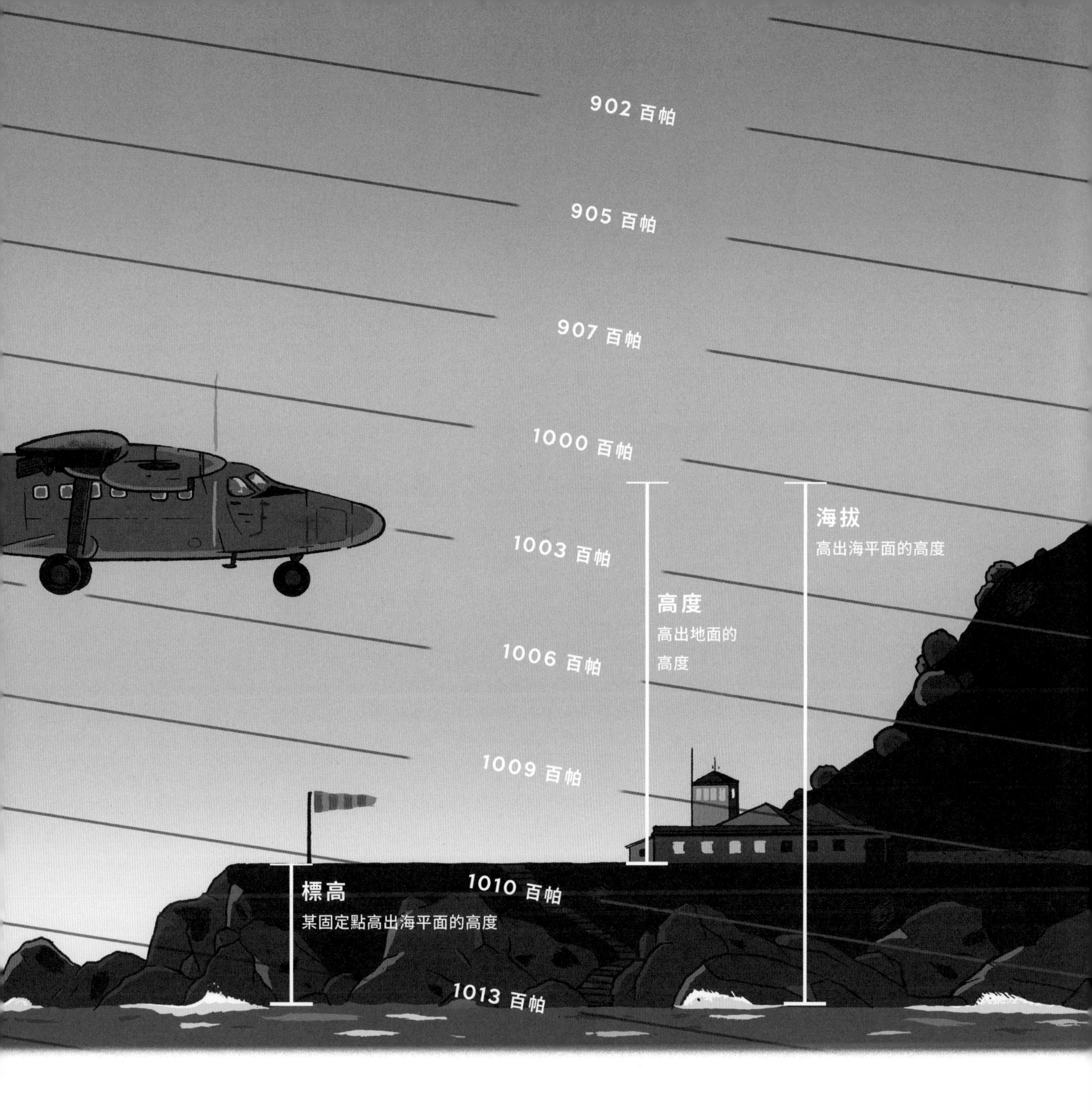

低，飛機的實際飛行高度就比高度表上顯示的低，如果目的地再比出發地海拔高，飛行員就有麻煩了。

如今，距離長、飛行高度高的航線上的高度表都設置了國際標準大氣值，而不再採用當地氣壓。這時高度的計量就不再用米或者英尺為單位，而是使用「飛航空層」(Flight Level，簡稱FL)。飛航空層100即指10000英尺高度。這時，周圍的飛機就需要在FL95或者FL105飛行。通過這種方式，飛行員能保證彼此的飛機之間保持至少500英尺（約150米）的高度差。

機型特寫：加拿大哈維蘭公司DHC-6「雙水獺」(DE HAVILLAND CANADA DHC-6 TWIN OTTER) / 1965

假設你要乘飛機到加勒比海的薩巴島去。可是那座島只有13平方公里大，那裏的機場跑道和非洲萊索托的馬特肯恩機場並列世界最短，只有400米長。你從聖馬丁島出發，可是要降落的時候，猙獰的海浪和礁石近在咫尺，飛機彷彿靜止懸停在跑道上！你看到飛行員在狹小的駕駛艙裏忙忙碌碌，沒等你緩過神來，飛機已經安全降落在世界上難度最大的跑道之一上了。多虧了「雙水獺」，使這種高難度降落成為可能。這架小巧的短距起落飛機有兩個發動機，可以運載18名乘客和2名飛行員到交通不方便的地方去。飛機常用於醫療救護，或者在水上、雪地或森林上空飛行，人們很可能在一些不尋常的地方

見到它的身影。「雙水獺」不僅能飛到加勒比海上的小島，還能飛去阿拉斯加、南極或者太平洋上的島嶼。不過要想使用薩巴島的機場，飛行員得受過專門的培訓，取得一張頗有含金量的證書才行。

「雙水獺」能夠抵達環境惡劣的地方，是理想的救援飛機。2016年，「雙水獺」第三次被徵用為救援飛機，到南極去營救兩名急需救治的研究員。除了「雙水獺」，沒有任何一架飛機能在三月到十月之間飛往南極：這期間南極漆黑一片，氣溫也低至-80攝氏度。

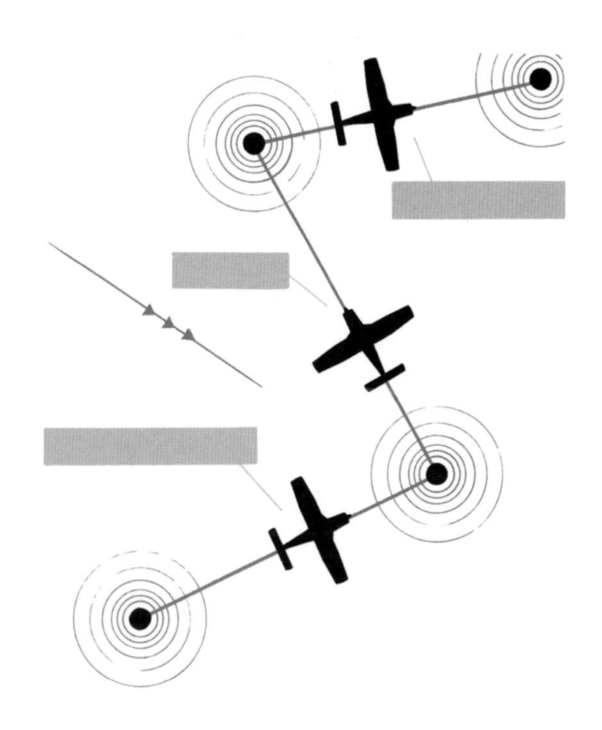

通訊與導航

空域秩序

通過無線電交流

怎樣才能讓說不同語言的人通過無線電清晰準確地彼此交流呢？這正是加拿大語言學家讓-保羅·維納(Jean-Paul Vinay)的研究課題。1949年，他與國際民用航空組織合作製作了一張特殊的字母表，為每一個字母、每一個數字找到一個對應的單字。這個單字必須能被說英語、西班牙語或法語的人輕易理解，而且世界各國的飛行員也要能輕鬆念出來。除此之外，所選擇的字都沒有消極的內涵。這個系統同時避免了混淆數字與字母的情況。

這樣的字母表其實第二次世界大戰之前就存在了，叫做「Able-Baker字母表」，是專門為以英語為母語的人設計的。

A ALFA
B BRAVO
C CHARLIE
D DELTA
E ECHO
F FOXTROT
G GOLF
H HOTEL
I INDIA
J JULIETT
K KILO
L LIMA
M MIKE
N NOVEMBER
O OSCAR
P PAPA
Q QUEBEC
R ROMEO
S SIERRA
T TANGO
U UNIFORM
V VICTOR
W WHISKEY
X X-RAY
Y YANKEE
Z ZULU
0 ZERO
1 ONE
2 TWO
3 TREE
4 FOUR
5 FIVE
6 SIX
7 SEVEN
8 EIGHT
9 NINER

二戰之後，飛行逐漸國際化，這個字母表便不再符合要求了。

讓-保羅·維納的字母表經過了31個不同國家的空中管制員、飛行員和無線電員工的測試。

1956年起，維納的字母表開始在全球使用。平時打電話的時候，你會不會偶爾需要拼出一個單字呢？使用這個字母表，說不定就能避免誤會。

此外，幾乎每架飛機都配置了應答器。地面上的天線發送特定信號後，應答器就會自動回應。應答器還可以自動發出飛行員設置好的信號。信號由4位數字組成，比如7500代表劫機，7600代表無線電故障，7700代表緊急情況。

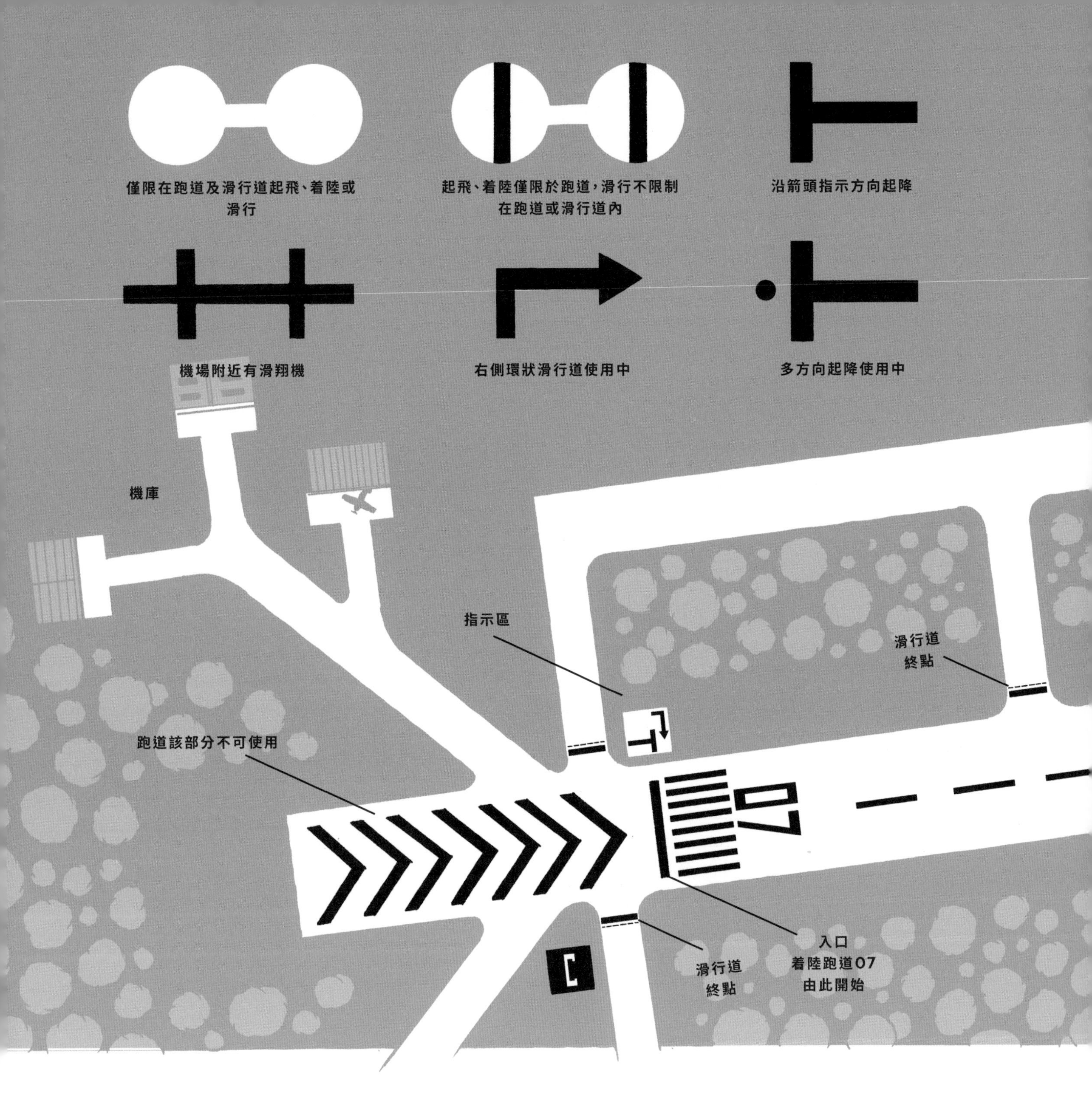
僅限在跑道及滑行道起飛、着陸或
滑行
起飛、着陸僅限於跑道，滑行不限制
在跑道或滑行道內
沿箭頭指示方向起降
機場附近有滑翔機
右側環狀滑行道使用中
多方向起降使用中
機庫
指示區
滑行道
終點
跑道該部分不可使用
07
C
滑行道
終點
入口
着陸跑道07
由此開始

通過地面標示交流

飛行員不僅可以通過無線電及應答器與地面交流。飛機場還會有一塊繪着圖案的土地，在空中也清晰可見，叫做指示區。飛行員要在機場降落的時候，必須先飛過這一小塊土地，閱讀上面的標識。圖中指示區顯示着陸跑道07和右側環狀滑行道正在使用中。

機場的跑道上也有標識。表明跑道起點和終點的線叫入口。跑道上不可使用的部分上繪有箭頭圖形，指向跑道入口。飛機通過滑行道進入跑道，滑行道終點有點狀線加一條橫線

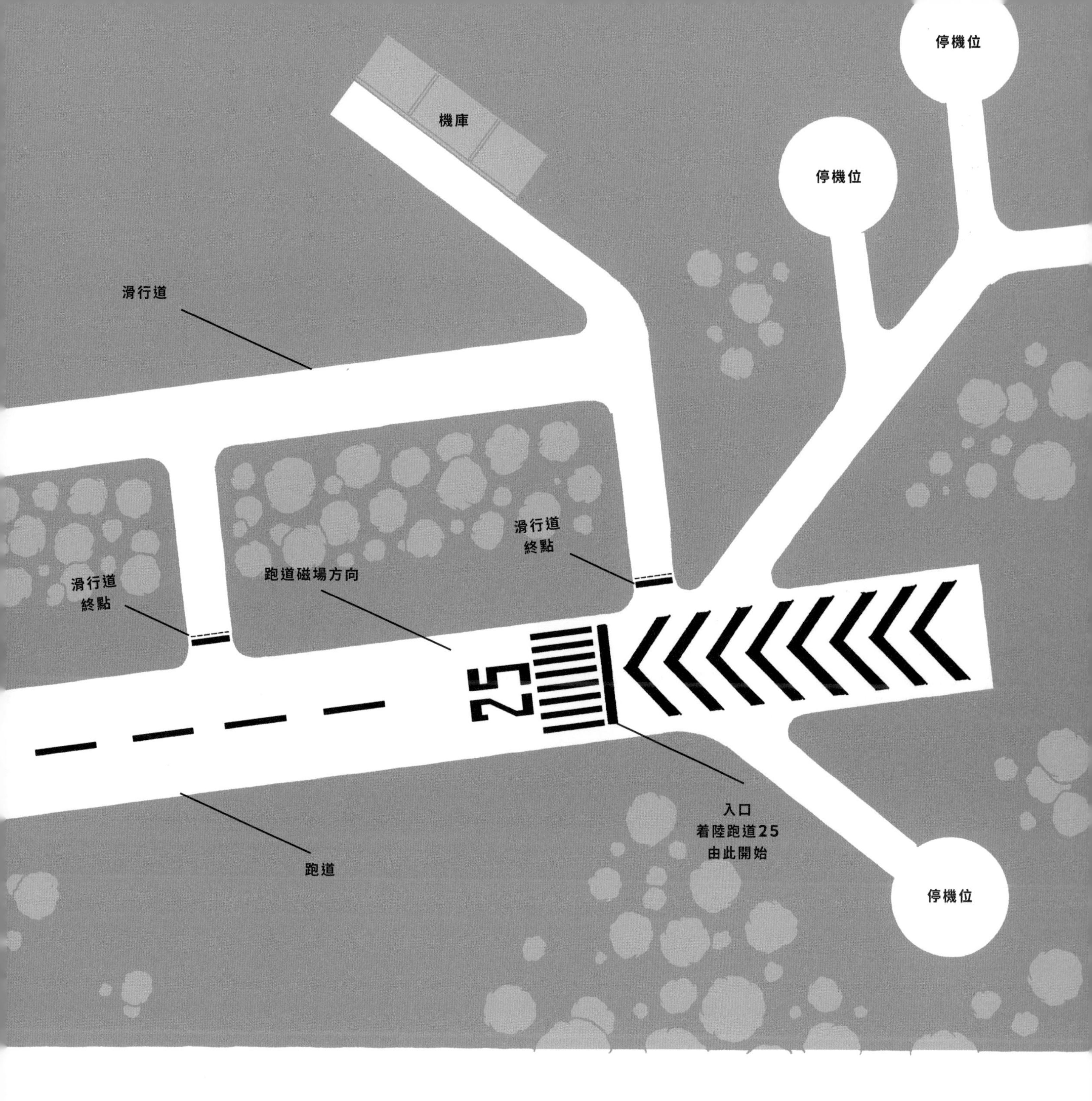

的明確標示，飛機需要在這裏等候。

跑道的編號是由跑道——即飛機飛行方向——與地球磁場正北方向所呈角度決定的，編號為角度除以10。

插圖的機場上顯示了兩條跑道：跑道07和跑道25。跑道07與磁場正北夾角70度，跑道25與磁場正北夾角250度。因為飛機需要逆風起飛，所以通常會使用逆風最強的跑道。大型機場通常有多條縱橫交錯、方向各異的跑道，以確保無論風向如何，都能找到最合適起飛的跑道。

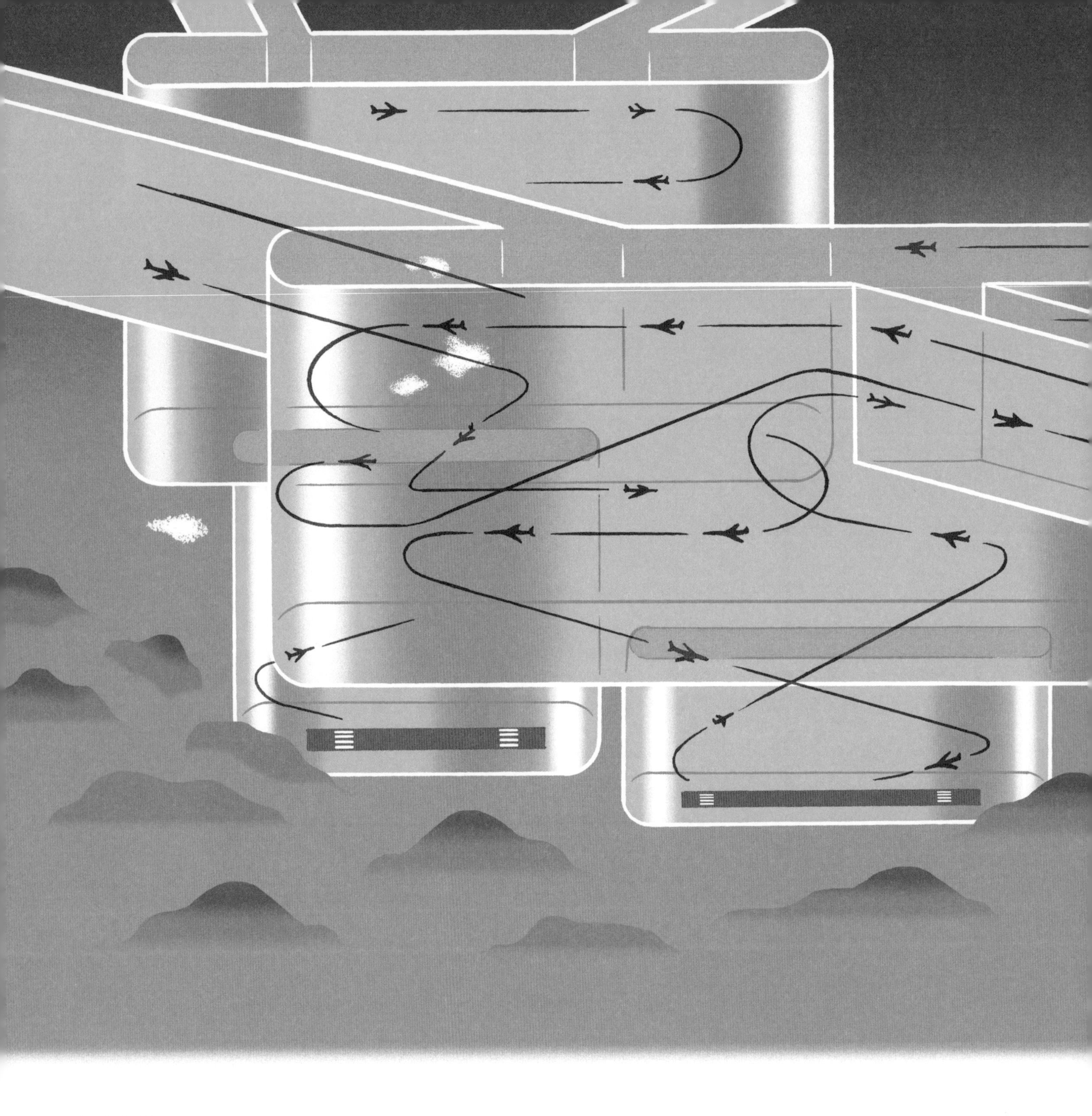

空域的管理

飛機在空中可不能隨心所欲地飛行。世界各地的空域都要遵循國際公約進行劃分，以確保飛行的安全。比如，機場是空中交通的聚集地，每個機場都配有空中交通管制系統，來管理進進出出的飛機。一架飛機進入該機場的空域時，會有雷達和一名空管員對它進行跟蹤。空管員向飛行員傳達指令，這樣飛機就能與其他飛機保持足夠的距離，等到着陸跑道空閒的時候再降落。對於飛行距離長、飛行高度高的國際航線，還有另外一套航空管制系統進行管理。這些飛機沿虛擬的線路飛行，

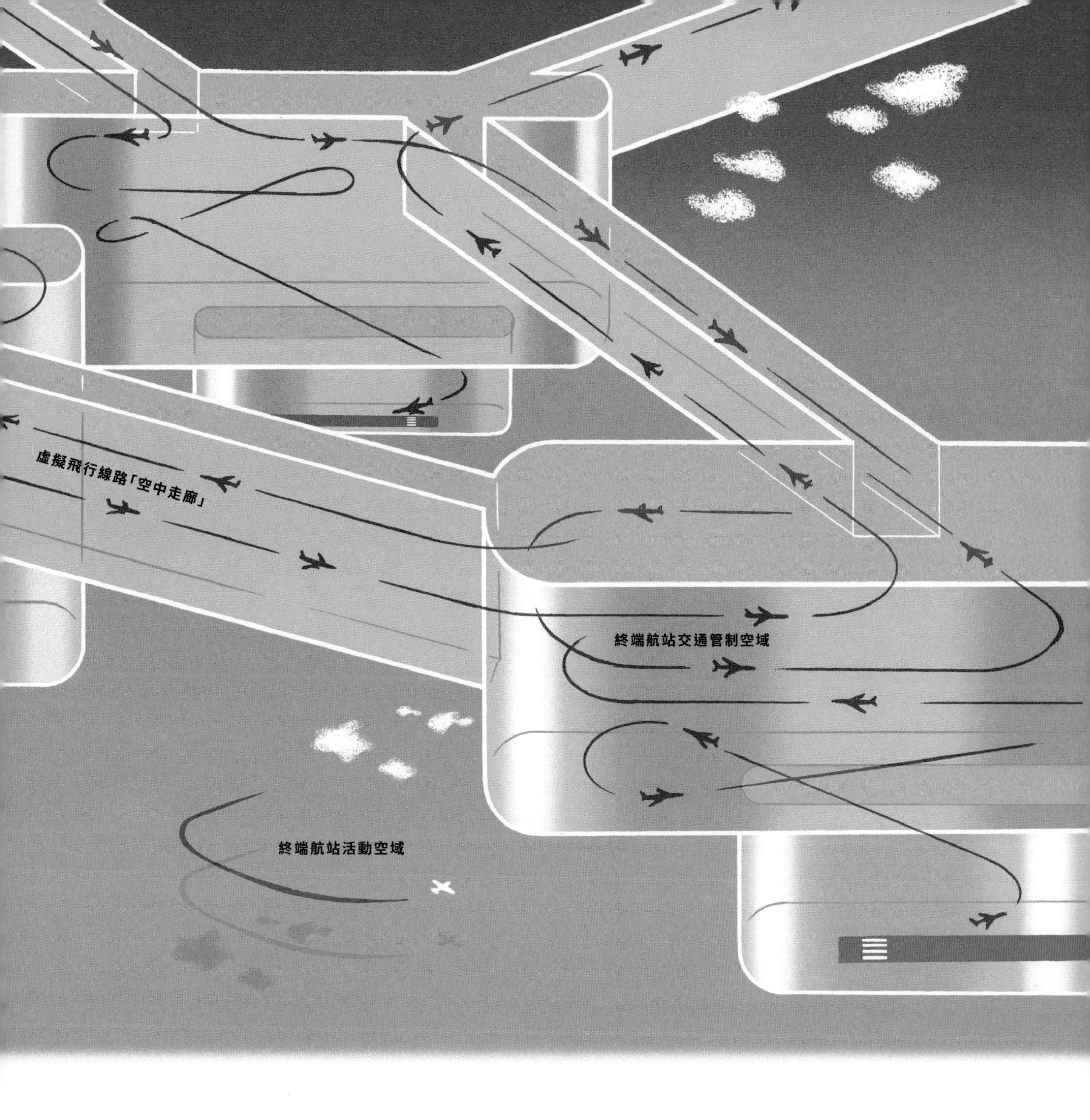

它們又叫「空中走廊」，和高速公路上的車道類似。

不過，不是世界每一個角落的空域都有人管理。有時候，飛行員必須自己注意周圍的飛機。當航行路線與管制空域交叉時，飛行員需要和當地航空管制取得聯繫。在接到可以進入該空域的許可之前，飛行員只能原地繞圈飛行。

有些空域限制甚至禁止飛機飛行，會被標記為禁飛區、限飛區或危險區。比如，拉肯王家城堡④上空完全禁止飛行，即使從很高的高度飛過也不可以。

飛機如何導航？

在夜間或者大霧天氣飛行時，飛行員無法看到地標，這時候就只能依靠儀表來飛行了。這些儀表不僅用來操控飛機飛行，還用來導航飛機飛到遙遠的目的地。如今的飛行員可以利用衛星定位系統來確定自己的位置；如果衛星定位失靈，還可以依靠無線電信標。它們就像是飛行員的烽火台，以特定的頻率發出信號，這些信號被飛機上一台特殊的無線電裝置接收，繼而，駕駛艙裏的一個裝置會判定飛機需要飛行的磁航向。這聽起來容易，可實際操作卻有些複雜。風（飛行術語稱作「氣流」）常常把飛機吹得偏離航向。如果飛行員對風的影響視而不見，就只會越飛越偏，並且需要通過不斷改變機

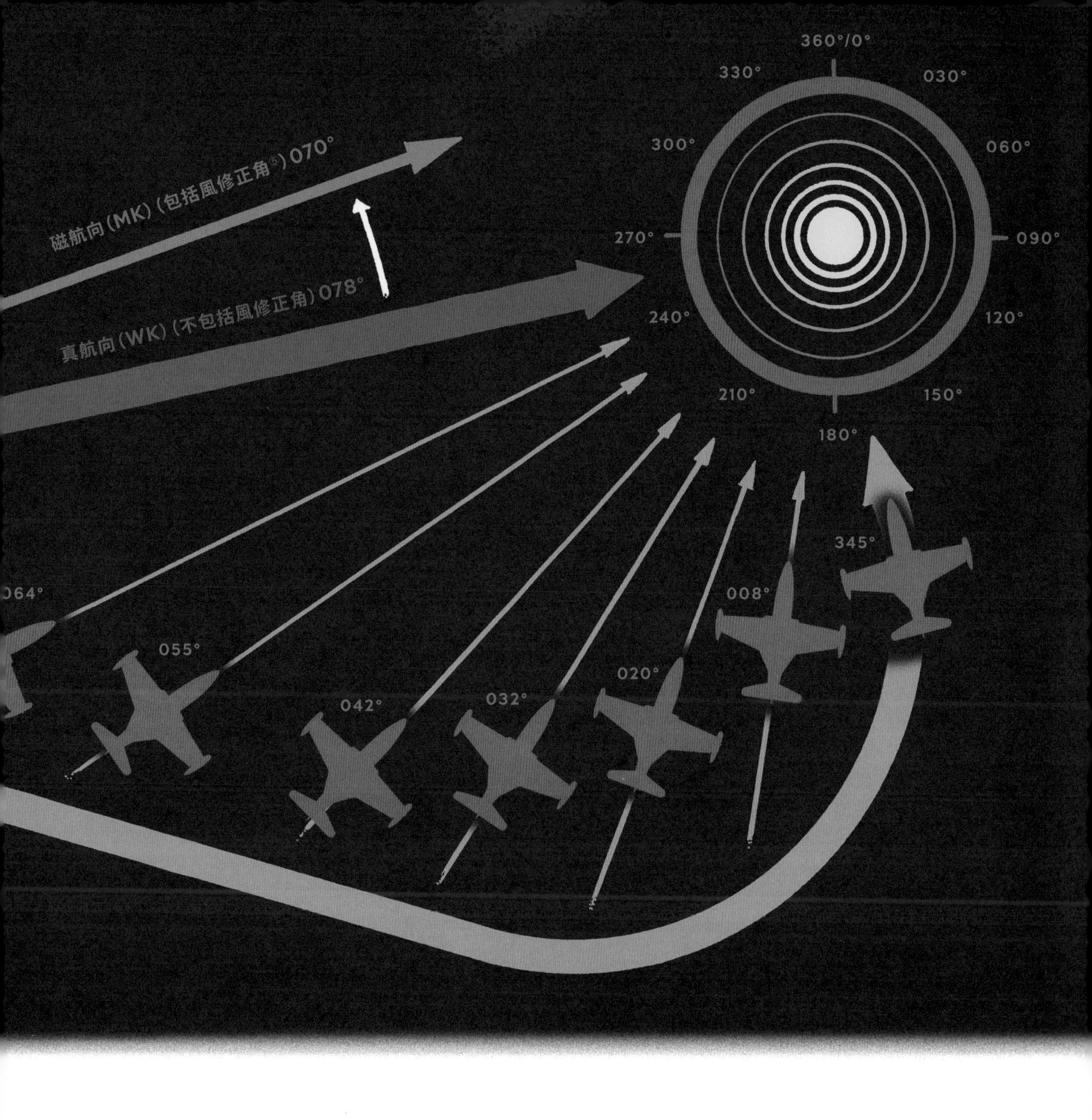

頭方向才能重新找到信標。這確實能起作用，只是要浪費很多時間和燃料。這種因為不規範導航操作造成的修正動作叫做「歸位航行」(homing)。為了避免這種現象，飛行員就要在起飛前計算好需要對風進行的修正，這樣就能在飛行過程中中和風力，徑直飛往信標。做到這一點，飛機的機頭就會一直朝着正確的磁場方向(紅箭頭所指)，沿着通往信標的航道飛行。這種操作叫做「電台追蹤領航」(tracking)。

未來的飛機

當代飛機的發展創新

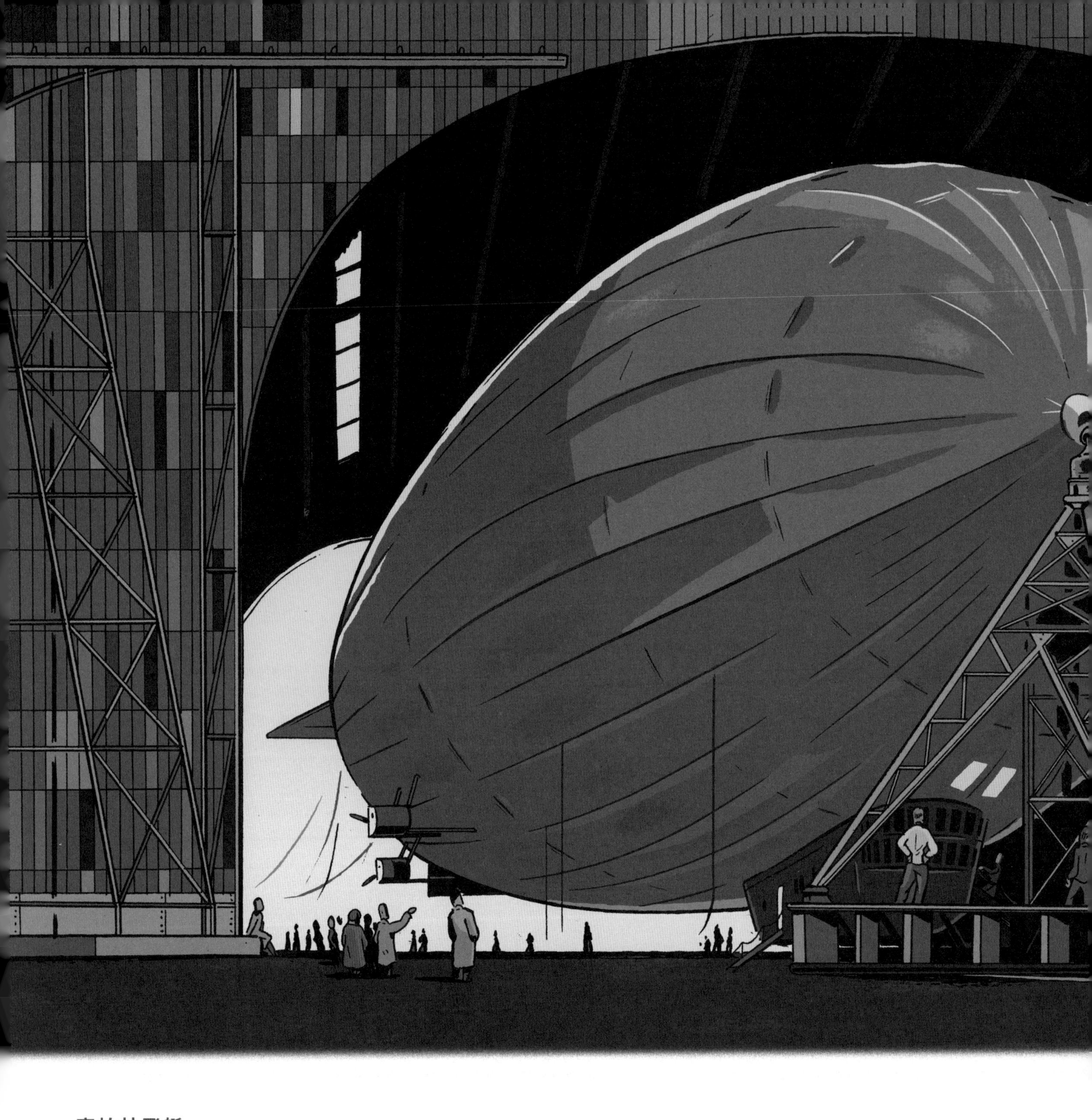

齊柏林飛艇

齊柏林飛艇無疑是20世紀初的空中奇觀。這個巨大的氣球呈雪茄形，骨架是鋁制的——這是德國伯爵費爾迪南·馮·齊柏林(Graf Ferdinand von Zeppelin)的創意，他為實現這一創意投入了大量資金。齊柏林剛問世時雖然不起眼，不過漸漸成了富人的寵兒。然而1937年還是出了事。當時，LZ-129「興登堡號」(LZ-129 Hindenburg)在即將抵達美國紐約附近的雷克霍斯特空軍基地時突然起火，機體着火的震撼畫面傳遍了世界。齊柏林的時代也戛然而止，直到1993年，齊柏林伯爵的公司再次在齊柏林號誕生的腓特烈港活躍起來。一架新的齊柏林——齊柏林

NT(New Technology)問世了。

英國的混合航空器公司(Hybrid Air Vehicles)也着力建造一台充滿氦氣、比空氣還輕的飛艇。該公司的「天空登陸者」(Airlander)系列，尤其是其中的HAV-304「天空登陸者」10，噪音小、污染少。因為其渾圓的流線型外形，這架飛艇獲得了「飛行的屁股」的綽號。未來該型號可能會推出能夠提供舒適載人環境的飛艇。那時候，你說不定能在鋪着玻璃地板的臥鋪機艙裏欣賞飛艇外美麗的風景。這種飛行方式看起來比如今常見的噴氣飛機愜意多了。飛艇飛行速度不算快，只有150千米/小時，但一次能在空中停留5天。

飛車

飛車的設想在汽車問世之初就有了。隨着堵車現象日益嚴重，飛車也不斷被重新提起。不過直到今天，飛車也依然是對未來的暢想，並未成為現實。飛車要滿足許多條件：實用、安全、操作簡單。如果駕駛員不需要飛行許可，那最好不過了。1926年，亨利·福特(Henry Ford)曾計劃將公司的飛車「福特弗里沃」(Ford Flivver)投入生產，可是一名飛行員駕駛飛車失事後，計劃擱淺了。從那以後，數十個飛車計劃問世、測試最後又被取消。

飛車倒是常常在電影中出現，比如《飛天萬能車》(*Chitty Chitty Bang Bang*)、《回到未來》(*Back to the Future*)、《星球大戰》(*Star Wars*)、《銀翼殺手》(*Blade Runner*)等。

泰勒「空中汽車」N-101D(TAYLOR AEROCAR N-101D) / 1954

隨着無人機、衛星導航系統和無人駕駛汽車的出現，有遠見的企業重新動起了建造飛車的念頭。位於矽谷的加拿大航空公司Opener就正在設計擁有8個螺旋槳、能夠乘坐的「黑翼」(BlackFly)。

美國航空公司LIFT則重點研發無人機「Hexa」。它擁有18個旋翼，由電力驅動。中國發明了一種無人駕駛的飛行的士，叫做載人級自動駕駛飛行器。不過飛車能否最終離開地面，至今仍有許多不確定因素。對許多人來說，飛行本身就是一件可怕的未知事物。更何況，汽車交通事故已經很多了，如果駕駛的時候我們需要同時兼顧地面和空中的車輛，大概會手忙腳亂的吧！

「協和之子」

協和號是第一架也是唯一一架飛行速度超過音速的飛機。它曾用時三個半小時，從巴黎飛到紐約，創下了世界紀錄。因為有時差的緣故，它到達時，當地時間甚至比巴黎的出發時間還早。它是法國宇航公司和英國宇航公司的驕傲。

不過有些人對協和號的態度就冷淡多了。因為突破音障[6]的時候會產生爆炸一樣的巨響，所以協和號遭到了許多人的抵制。也有人擔心它會造成空氣污染，而且安全風險很大。因為美國政府沒有頒佈降落許可，第一趟飛往紐約的協和號航班就被取消了。

協和號機票售價高達11000歐元（約合95000港幣），因此乘坐的也大多是名流和商業巨頭。所謂「協和俱樂部」的名單上有許多如雷貫耳的名字，艾頓莊(Elton John)

爵士、演員辛康納利(Sean Connery)、保羅·麥卡尼(Paul McCartney)爵士，還有英國女王伊利沙伯二世。戴卓爾夫人甚至在這架飛機上擁有自己最鍾意的座位，每次她乘坐協和號的時候，4C座椅都會預留給她。2000年，一架協和號飛機在巴黎附近的戈內斯鎮墜毀，協和號的時代就此終結，至少暫時如此。不過，超音速飛機的概念仍不時被提起。

「協和之子」由空中客車公司(Airbus)、Aerion、Boom、洛克希德馬丁公司(Lockheed Martin)和美國國家航空航天局共同設計，目標是建造一架噪音更小、油耗更少、速度更快而票價更低的飛機。專家預測，「協和之子」問世大約要等到2030年。

註釋

① 艾爾吉（Herge）是比利時著名的漫畫家，其最為知名的作品是《丁丁歷險記》。《阿岳、阿蘇和約克》是其創作的另一部漫畫作品，以一對兄妹和他們的寵物黑猩猩為主角。——編輯註

② 埃特雷塔是法國上諾曼第大區濱海塞納省的一個市鎮，瀕臨英倫海峽。——編輯註

③ 螺旋槳的槳葉並非是平的，而總是有一定角度，不同角度的槳葉在轉動時能產生的拉力不同。——編輯註

④ 拉肯王家城堡是比利時國王及皇家家族的官邸，位於布魯塞爾-首都大區的拉肯北郊。——編輯註

⑤ 風修正角就是實際航向線與預定航線的偏差角度。——編輯註

⑥ 即超越音速。——編輯註

參考資料

Aeronautical Information Publication (AIP), Belgium, 2019

Decré, B., *Association La recherche de l'oiseau blanc*, blog, 2019

Decré, B., 'Cold Case', in: *Portland Monthly Magazine*, Portland, United States, 2013

Decré, B., Mongaillard V. *L'enquête vérité*, Editions Arthaud, France, 2014

Karpels, L., opleiding PPL, *BAFA Ben Air Flight Academy*, Antwerpen, 2017

Pretor-Pinney, G., *The cloud collector's handbook*, Sceptre, United Kingdom, 2009

Dale Reed, R., *Wingless flight: the lifting body story*, University Press of Kentucky, 2014

Saint-Exupéry, A., *De Kleine Prins*, Donker, Nederland, 2005

Springer, Anthony M., *Design in lucht- en ruimtevaart*, Fontaine Uitgevers, Hilversum. 2003

Tangye, N., *Teach yourself to fly*, Teach Yourself series, United Kingdom, 2017

The spelling alphabet ICAO annex 10, Vol II, United States, 1955

Vanhoenacker, M., *Hoe land je een vliegtuig?*, Uitgeverij Unieboek | Het Spectrum, Houten, 2018

Vlaamse Zweefvlieg Academie (VZA), basisopleiding zweefvliegen, Ravels, 1981

www.nasa.gov/centers/dryden/history/pastprojects/Lifting/index, 2017

www.planeandpilotmag.com/article/piper-archer-50-years-and-counting, 2016

致謝

感謝我的父母讓他們十六歲的兒子學習飛行；感謝菲利普·巴柏陪我在雲間度過的美好時光，這重新喚起了我心中沉睡的飛行之夢；感謝我的飛行教練丹尼爾·珀爾曼，他在駕駛艙中對我總是非常耐心，還幫助我修正了手稿中的錯誤。

作者簡介

揚·范德維肯擁有自己的畫室「Fabrica Grafica」，善於創作復古未來主義風格的插圖，他的作品常出現在比利時及海外的展覽、報紙、雜誌和海報中。2016年，揚還獲得故鄉比利時根特市的文化獎。

Original title: Het vliegtuigenboek. Translated from the Dutch language

www.lannoo.com

飛行之翼——從設計到飛行

作　　者　揚・范德維肯 (Jan Van Der Veken)

譯　　者　郭典典

審　　訂　彭致遠

責任編輯　林　森

出　　版　商務印書館 (香港) 有限公司
香港筲箕灣耀興道 3 號東滙廣場 8 樓
http://www.commercialpress.com.hk

發　　行　香港聯合書刊物流有限公司
香港新界大埔汀麗路 36 號中華商務印刷大廈 3 字樓

印　　刷　中華商務彩色印刷有限公司
香港新界大埔汀麗路 36 號中華商務印刷大廈

版　　次　2020 年 6 月第 1 版第 1 次印刷

ISBN 978 962 07 5850 8

Printed in Hong Kong